Peyman Aspoukeh

Explicação sobre as nanopartículas

Peyman Aspoukeh

Explicação sobre as nanopartículas

Síntese, aplicações e caraterização para estudos de graduação

ScienciaScripts

Imprint

Cover image: www.ingimage.com

This book is a translation from the original published under ISBN 978-620-7-47813-2.

Publisher:
Sciencia Scripts
is a trademark of
Dodo Books Indian Ocean Ltd. and OmniScriptum S.R.L publishing group

120 High Road, East Finchley, London, N2 9ED, United Kingdom
Str. Armeneasca 28/1, office 1, Chisinau MD-2012, Republic of Moldova, Europe
Printed at: see last page
ISBN: 978-620-7-62580-2

Explicação sobre as nanopartículas

Síntese, aplicações e caraterização para estudos de graduação

Por

Dr. Peyman Aspoukeh

Centro de Investigação Científica, Universidade de Soran, Região do Curdistão, Iraque

Centro de Investigação Científica **Peyman Aspoukeh**

, Universidade de Soran, Região do Curdistão, Iraque

O Dr. Peyman Aspoukeh é uma figura distinta no domínio da nanotecnologia, sendo atualmente membro do corpo docente da Universidade de Soran, na região do Curdistão iraquiano. Com um doutoramento em nanotecnologia, o Dr. Aspoukeh dedicou a sua carreira a desvendar os mistérios das nanopartículas e as suas aplicações multifacetadas em vários domínios. O seu percurso académico e dedicação profissional estão enraizados na Universidade de Soran, onde não só transmite conhecimentos na sala de aula, como também lidera investigação inovadora no Centro de Investigação Científica. O seu trabalho centra-se principalmente na síntese, aplicações e caraterização de nanopartículas, com o objetivo de colmatar a lacuna entre o conhecimento teórico e as implementações práticas. As contribuições do Dr. Aspoukeh para o campo da nanotecnologia têm sido reconhecidas através das suas publicações em revistas científicas conceituadas e da participação em conferências internacionais, onde partilha os seus conhecimentos e descobertas com a comunidade científica global. Em

"Nanoparticles Explained: Synthesis, Applications, and Characterization for Undergraduate Studies", o Dr. Aspoukeh destila os seus vastos conhecimentos e experiências de investigação num guia acessível para estudantes que iniciam a sua jornada na nanociência. O seu objetivo é desmistificar o complexo mundo das nanopartículas, tornando-o envolvente e compreensível para a próxima geração de cientistas e engenheiros.

Para o meu filho, Dian,

No vasto universo do conhecimento, semelhante a um céu cheio de estrelas, este livro representa uma constelação. Ele traça as vastas potencialidades no domínio da nanociência, espelhando as possibilidades ilimitadas que o esperam. Tal como estas páginas viajam do microscópico para o magnífico, que o seu caminho seja marcado pela coragem de explorar, pela curiosidade de questionar e pela perspicácia de compreender o mundo para além do visível.

Que esta obra seja um lembrete de que, à semelhança do profundo impacto das nanopartículas, até as entidades mais pequenas podem moldar o mundo de forma significativa. Dedicado a ti, meu filho, este livro não é apenas uma narrativa da ciência, mas um testemunho da inspiração que trazes à minha vida, incitando-me a explorar os mistérios do universo. Com todo o meu amor e a soma do conhecimento do mundo,

Peyman Aspoukeh

Conteúdo

Capítulo I

Introdução às nanopartículas

Introdução

Uma nanopartícula é uma pequena partícula cujo tamanho e comprimento pode ser entre 1 e 100 nm nas 3 dimensões. Esta partícula não pode ser reconhecida pelo olho humano e pode apresentar propriedades físicas e químicas diferentes das partículas maiores. Esta palavra é composta por duas palavras gregas e latinas que significam anão e partícula. Quando os materiais são de tamanho nano, apresentam propriedades especiais. Por exemplo, o cobre torna-se transparente em nano dimensões. Os materiais inertes, como a platina e o ouro, são activados e a temperatura de fusão dos nanomateriais é drasticamente reduzida. A nanotecnologia tem o potencial de mudar as nossas vidas. Algumas das suas aplicações incluem o armazenamento e a produção de energia (baterias), as tecnologias da informação, as tecnologias médicas, a purificação e o tratamento de alimentos e de água, os instrumentos de medição de precisão e o ambiente. Os materiais baseados na nanotecnologia e nos nanomateriais incluem componentes electrónicos, nano tintas, dispositivos de armazenamento de energia, nano tecidos e cosméticos, etc.

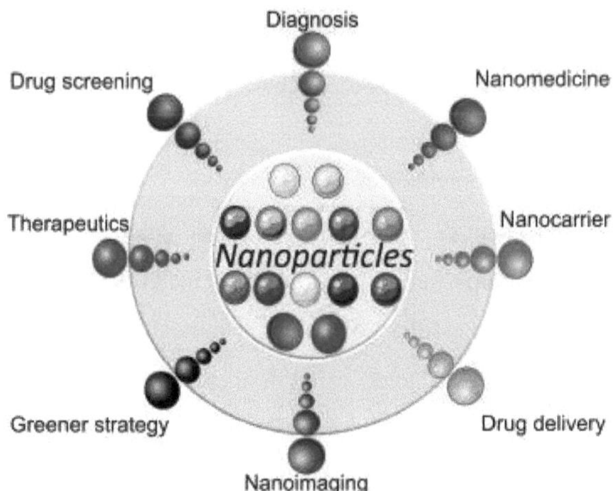

Figura 1. Introdução às nanopartículas e dispositivos analíticos

Como são feitas as nanopartículas?

De acordo com o método de fabrico, dividem-se em dois grupos: natural e artificial:

Nanopartículas livres (naturais): Formadas pela desagregação de partículas maiores ou por processos de montagem controlados. Os fenómenos naturais (erupções vulcânicas ou incêndios florestais) e muitas actividades humanas industriais e domésticas, como a cozinha, a produção ou o transporte rodoviário e aéreo, criam e introduzem nanopartículas na atmosfera. As nanopartículas naturais incluem também grãos de areia muito finos de origem mineral (como óxidos e carbonatos). Mas é de notar que a origem das nanopartículas não é apenas terrestre e que são lançadas na atmosfera terrestre por muitos processos cósmicos.

Nanopartículas sintéticas: Estas partículas podem ser fabricadas a partir de qualquer material sólido ou líquido, incluindo metais, dieléctricos e semicondutores, e podem também ser internamente homogéneas ou heterogéneas. Entre os métodos de produção artificial de nanopartículas, podem ser mencionados os seguintes: Compressão de gases, abrasão, deposição química, implantação iónica, pirólise, radiólise e síntese hidrotérmica.

Mencionaremos brevemente três deles.

- A compressão de gás inerte é frequentemente utilizada para produzir nanopartículas metálicas. O metal é vaporizado numa câmara de vácuo que contém uma atmosfera diluída e um gás inerte. A condensação do vapor de metal supersaturado resulta em partículas de tamanho nanométrico que podem ser arrastadas para uma corrente de gás inerte e depositadas num substrato ou estudadas in situ;

- No método de radiólise, as nanopartículas podem ser formadas utilizando a química da radiação. A radiólise por raios gama pode criar radicais livres muito activos em solução;
- Pirólise Outra forma de criar nanopartículas consiste em converter um precursor adequado, como um gás (por exemplo, metano) ou um aerossol, em partículas sólidas por combustão ou pirólise. Trata-se de uma generalização da combustão de hidrocarbonetos ou de outros vapores orgânicos para produzir fuligem.

As condições de produção e de reação definidas são muito importantes para a obtenção das propriedades das partículas. O tamanho, a composição química, a cristalização e a forma das partículas podem ser controlados pela temperatura, pelo valor do pH, pela concentração, pela composição química, pelas alterações da superfície e pelo controlo do processo. São utilizadas duas estratégias básicas para produzir nanopartículas, conhecidas como top-down e bottom-up. Em geral, o termo top-down refere-se à trituração mecânica de partículas grandes através de um processo de moagem, enquanto a estratégia bottom-up liga pequenas estruturas constituintes através de processos químicos.

Os nanomateriais podem ser classificados em quatro tipos com base nos seus ingredientes

1. Nanomateriais de base mineral (incluindo vários nanomateriais metálicos e de óxidos metálicos);
2. Nanomateriais à base de carbono;
3. Nanomateriais de base orgânica;
4. Nanomateriais à base de compósitos.

Qual é a escala exacta da nanopartícula?

A escala D é utilizada para detetar nanopartículas, que é a seguinte

1. Nanomateriais de dimensão zero (D0): Estes materiais têm dimensões nanométricas nas suas três dimensões, o que significa que a sua unidade de medida não se torna maior do que nano (não têm dimensões maiores do que 100 nm).

2. Nanomateriais unidimensionais (D1): Uma dimensão está fora da nanoescala. Esta categoria inclui nanotubos, nano-hastes e nanofios.

3. Nanomateriais bidimensionais (D2): Duas dimensões fora da nanoescala, com formas semelhantes a placas, incluindo grafeno, nanopartículas, nanocamadas e nanorrevestimentos.

4. Nanomateriais tridimensionais (D3): São materiais que não estão limitados à nanoescala em qualquer dimensão. Esta categoria pode incluir pós a granel, feixes de nanofios e nanotubos, bem como nano-camadas.

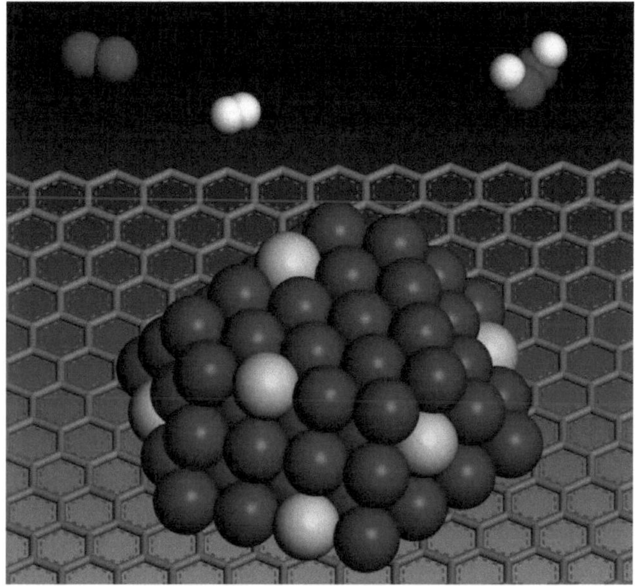

Figura 2. Nanopartículas

Examinar as propriedades e aplicações das nanopartículas

As propriedades de uma nanopartícula são fortemente influenciadas pelas fases iniciais de nucleação do processo de síntese. Por exemplo, a nucleação é crítica para o tamanho das nanopartículas e é necessário ter cuidado para garantir que o raio crítico é atingido nas fases iniciais da formação do sólido, caso contrário as partículas reverterão para a fase líquida. A forma final de uma nanopartícula também é controlada pela nucleação. As possíveis morfologias finais criadas pela nucleação podem incluir esférica, cúbica, em forma de agulha, em forma de verme, entre outras. A nucleação pode ser controlada principalmente pelo tempo e temperatura e pelo ambiente de síntese em geral. As suas propriedades são muitas vezes significativamente diferentes das partículas maiores do mesmo material.

- A sua elevada reatividade reduz o ponto de fusão, pelo que a utilização de matérias-primas de nanopartículas reduz a temperatura de cozedura no caso das cerâmicas. Mais importante ainda, os compósitos (sólidos compostos por diferentes materiais) encolhem menos durante o processo de endurecimento, o que é uma caraterística importante nas próteses dentárias, por exemplo;
- A composição de uma determinada nanopartícula pode ser muito complexa e o seu tempo de vida varia consoante o seu comportamento com outros produtos químicos ou partículas. Os processos químicos à superfície das nanopartículas são muito complexos e permanecem em grande parte desconhecidos;
- As nanopartículas têm diferentes formas de interagir umas com as outras. Podem permanecer livres ou unir-se, dependendo das forças de interação atractivas ou repulsivas que existem entre elas. As nanopartículas suspensas num gás tendem a unir-se mais do que nos líquidos;
- As nanopartículas não podem ser vistas com microscópios de luz convencionais devido à gama de comprimentos de onda da luz visível (400-700nm), sendo necessária a utilização de microscópios electrónicos ou microscópios laser. Por conseguinte, as dispersões de nanopartículas em ambientes brilhantes podem ser transparentes, enquanto que as partículas maiores normalmente dispersam parte ou a totalidade da luz visível que incide sobre elas;
- As nanopartículas não esféricas (como prismas, cubos, varetas, etc.) apresentam propriedades (químicas e físicas) dependentes da forma e do tamanho (anisotropia). As nanopartículas não esféricas, como o ouro (Au), a prata (Ag) e a platina (Pt), têm várias aplicações devido às suas fantásticas propriedades ópticas. As nanopartículas anisotrópicas apresentam um comportamento de

absorção específico e uma orientação aleatória das partículas sob luz não polarizada.

Nanopartículas em medicina

- Os nanorrobôs são eficazes na administração de medicamentos no corpo, porque conseguem encontrar com precisão as células do doente e administrar-lhes o medicamento. Isto significa que se pode optar por uma dose mais baixa e, consequentemente, por menos efeitos secundários;
- As nanopartículas podem ser produzidas utilizando materiais orgânicos, como as proteínas e os polinucleótidos, ou materiais inorgânicos, como os metais ou o diamante. Devido às propriedades físicas e químicas do diamante, a resistência e o desempenho deste mineral aumentaram e é uma opção adequada para utilização na construção de nanorrobôs;
- Os poros do osso natural têm cerca de 100 nm de largura e, se os poros do implante de osso artificial permanecerem lisos, o corpo tentará rejeitá-los. Foi demonstrado que, ao criar características em nano dimensões na superfície da prótese da anca ou do joelho, é possível reduzir a probabilidade de rejeição e também estimular a produção de osteoblastos. Os osteoblastos são as células responsáveis pelo crescimento da matriz óssea e encontram-se nos poros do osso em desenvolvimento;
- O tratamento do cancro baseia-se no método fotodinâmico que se baseia na destruição das células cancerosas pelo oxigénio atómico produzido num laser citotóxico. Isto significa que uma quantidade significativa do corante especial utilizado para produzir oxigénio atómico é absorvida pelas células cancerosas, mais do que pelas células saudáveis. Por conseguinte, é exposto à radiação laser e

apenas as células cancerosas são destruídas. Infelizmente, as restantes moléculas de corante migram para a pele e para os olhos e tornam o doente muito sensível à luz do dia. Este efeito pode durar até seis semanas. Para evitar este efeito secundário, a versão hidrofóbica da molécula de corante é encerrada numa nanopartícula porosa para que não se espalhe para outras partes do corpo. Ao mesmo tempo, a sua capacidade de produzir oxigénio não é afetada e o tamanho do poro de cerca de 1 nm permite que o oxigénio se difunda livremente.

Nano tecnologia na construção

As nanotecnologias desempenham um papel importante na construção civil, sendo as indústrias do aço, do vidro e do betão as que desempenham um papel mais importante neste domínio. A aplicação de nanopartículas na indústria da construção, as mais importantes das quais são os nanotubos de carbono (CNT) e o dióxido de titânio (TiO_2), em geral, nas estruturas principais, aumenta as propriedades mecânicas das amostras, e no sector da carpintaria, a aplicação de nano revestimentos na fachada. O interior e o exterior dos edifícios são também de especial importância. Os nano-revestimentos do edifício, ao mesmo tempo que causam repelência à água e minimizam a absorção de sujidade, tornam a fachada do edifício resistente aos raios UV. Estes revestimentos são utilizados em níveis que incluem: cimento, tijolo, cerâmica, pedra comum, azulejo, mármore, madeira, cerâmica, vidro, aço e betão.

Construção de betão armado, vidro auto-reparador e autolimpante, autolimpante, resistente ao fogo e com controlo de energia e, consequentemente, poupança no consumo de energia, utilização de cores resultantes desta ciência que impedem a penetração de bactérias em edifícios de escritórios, residenciais, hospitais, etc., e lhes dão uma vida longa, um ambiente livre de bactérias e uma natureza que não pode ser suja e desgastada. Esta é também uma das outras aplicações importantes da nanotecnologia no sector da construção. Desta forma, é fácil reconhecer que estamos perante um novo mundo chamado nanotecnologia.

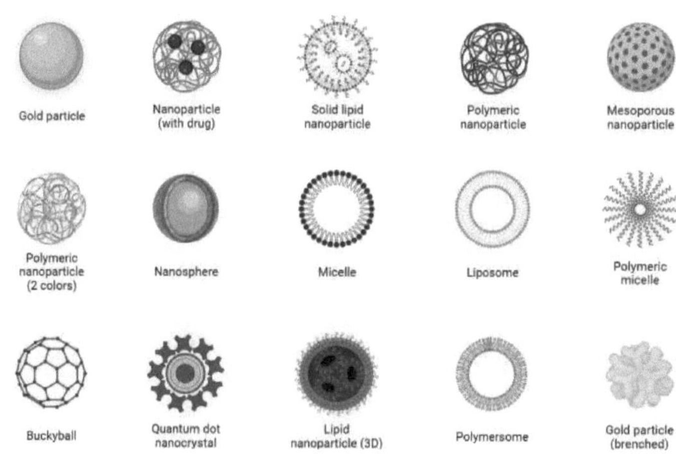

Figura 3. Nanopartículas, Enciclopédia MDPI

Os especialistas desta ciência acreditam que, após a produção de motores a vapor, motores e o desenvolvimento das TI, a tecnologia desta ciência abrirá novos horizontes para o mundo humano. Esta tecnologia é capaz de reduzir os materiais a tal ponto que, através da sua reciclagem, podem ser oferecidos ao mundo novos materiais e tecnologias. Por exemplo, a argila e a cerâmica podem ser transformadas em nano dimensões e misturadas com nano polímeros em pó e, num ambiente neutro, podem ser criados materiais duros e resistentes nunca antes vistos.

Vantagens da utilização da nanotecnologia no sector da construção

- Aumentar a qualidade do produto;

- Poupança de energia;
- Poupanças económicas;
- Aumentar a qualidade dos produtos.

Nano tecnologia e revestimentos para construção

Esta tecnologia de revestimento de edifícios é utilizada em superfícies interiores e exteriores de edifícios, tais como: Superfícies de vidro, plástico, madeira, aço, pedra, tijolo, azulejo, cerâmica, cimento e betão, etc. Nestas superfícies (superfícies inteligentes), que são geralmente super-hidrofílicas ou super-hidrofóbicas, as reacções ocorrem na superfície. É de salientar que estes revestimentos são antibacterianos e inofensivos para a saúde humana.

Nano revestimentos para pedra e madeira

Estes nano revestimentos antibacterianos são resistentes à água, ao ar, a materiais orgânicos e inorgânicos e são considerados um dos principais revestimentos do sector da construção. Os nano-revestimentos para pedra e madeira são compostos que, mantendo o aspeto original da superfície, impedem a aderência na superfície e repelem a água, a gordura e outros contaminantes da superfície. Além disso, os nano-revestimentos para pedra e madeira para superfícies de pedra permeáveis que têm propriedades absorventes também têm muitas utilizações. As composições destes nano-revestimentos incluem geralmente diamante, prata, vidro e cerâmica, e podem ser diferentes consoante a utilização, mas na maioria deles, a fase transportadora é água e álcool, e as suas partículas são resistentes até 300 graus Celsius.

Aplicações da nanotecnologia no sector da construção

- **Superfícies de madeira**

Os nano-revestimentos para pedra e madeira, para além de serem utilizados em superfícies de madeira normais, são também utilizados em superfícies de madeira polida e em superfícies de madeira pintada. São utilizados em superfícies de madeira polida durante três meses após o polimento, e os nano-revestimentos polivalentes são utilizados em superfícies de madeira pintadas.

Utilização da nanotecnologia para limpar fontes naturais de água

A nanotecnologia utiliza nanopartículas que, devido à sua dimensão extremamente reduzida, possuem propriedades únicas e úteis que os materiais com partículas de maior dimensão não possuem. A nanotecnologia tira partido destas vantagens para desenvolver novas tecnologias que antes não eram possíveis. No domínio da proteção ambiental, os investigadores utilizam a nanotecnologia para desenvolver novos métodos de limpeza de poluentes da água e do ar, bem como para desenvolver tecnologias sustentáveis que reduzam o impacto negativo das actividades humanas no ambiente, removendo os gases com efeito de estufa da atmosfera. A nanotecnologia foi desenvolvida para ajudar a limpar e monitorizar os níveis de contaminação de locais com água contaminada de várias formas.

Em primeiro lugar, ajuda a criar métodos acessíveis e económicos para a limpeza de fontes naturais de água potável. Estes métodos permitem a deteção e o tratamento rápidos e de baixo custo da contaminação da água, uma tecnologia que é muito valiosa para o desenvolvimento de áreas em desenvolvimento onde a segurança da água não é garantida.

Os engenheiros também utilizaram a nanotecnologia para criar membranas de película fina com nano poros para permitir a dessalinização com baixo consumo de energia. Esta tecnologia pode filtrar duas a cinco vezes o volume de água disponível no domínio dos sistemas actuais. Os cientistas também utilizaram a nanotecnologia para desenvolver novos métodos de limpeza de poluentes de águas industriais de fontes subterrâneas.

Finalmente, os cientistas desenvolveram com sucesso um método para remover o óleo da água. A inovação utiliza um nano tecido "toalha de papel" feito de fios finos de óxido de potássio e manganês entrelaçados que pode absorver até 20 vezes o seu peso em óleo. Existem muitos métodos nanotecnológicos inovadores que foram desenvolvidos para purificar as fontes naturais de água.

Uma das aplicações mais eficazes da nanotecnologia neste domínio foi a limpeza bem sucedida de um ecossistema de cerca de 50 hectares no Peru.

A nanotecnologia oferece uma oportunidade para desenvolver e aplicar novas estruturas, materiais ou sistemas com propriedades únicas nos sectores alimentar, agrícola e médico.

A utilização da nanotecnologia pode fazer uma enorme diferença na qualidade e segurança dos alimentos e nos benefícios para a saúde que estes proporcionam, assegurando simultaneamente que os consumidores aceitam as propriedades de maior pragmatismo dos alimentos. Os nanomateriais são diferentes dos materiais normais.

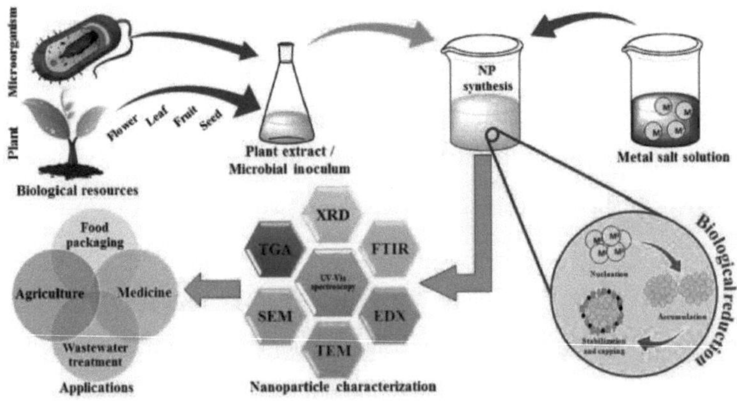

Figura 4. Síntese verde de nanopartículas metálicas: Aplicações e limitações

História da nanotecnologia

O termo nanotecnologia foi utilizado pela primeira vez pelo cientista japonês Nario Taniguchi em 1974 para descrever máquinas com uma gama de aplicações inferior a um mícron. Outros acontecimentos e descobertas levaram ao aparecimento e ao desenvolvimento principal desta tecnologia.

A nanotecnologia na Antiguidade

Século IV d.C: Um exemplo de nanotecnologia pode ser visto num tipo de taça romana em que um vidro é feito com nanopartículas de ouro e prata, que é verde se a fonte de luz estiver fora da taça-e verde se a fonte de luz estiver dentro da taça. Pode ser visto a vermelho.

Século III a XI de Hijri: Os muçulmanos utilizaram nanopartículas metálicas de prata e de cobre para fabricar pratos de cerâmica brilhantes e polidos e, mais tarde, este método de fabrico de pratos foi para a Europa e foi seguido por esta. **Século VI a XI AH:** A espada de sabre de Damasco contém nanotubos de carbono e nanofios cimentados. Esta combinação extremamente leve e muito forte permitiu-lhes fabricar espadas muito finas e curvas, nas quais eram visíveis os desenhos de limo e o nome do proprietário da espada.

A nanotecnologia nos tempos modernos

- 1857 AH: Michael Faraday descobre nanopartículas coloidais de ouro rubi que apresentam cores diferentes em diferentes condições de luz.

- 1936: Erwin Müller, que trabalhava no laboratório de investigação da Siemens, construiu o "Microscópio de Emissão de Campo", que podia ser utilizado para ver imagens ampliadas de átomos.
- 1947: Um grupo de cientistas do Bell Lab descobriu os transístores semicondutores. Esta descoberta provocou um grande avanço no conhecimento dos semicondutores e levou à criação de valiosos dispositivos electrónicos que introduziram o homem na era da informação.
- 1950: Victor Lammer e Robert Dinger apresentaram a teoria e a forma de fazer crescer materiais coloidais do mesmo tamanho. Esta teoria levou ao desenvolvimento de papéis especiais, tintas, materiais de película fina e tecnologia de diálise.
- 1951: Erwin Müller construiu o "microscópio de fluxo de iões", através do qual era possível observar a disposição dos átomos na extremidade de um metal afiado. Foi com este microscópio que examinou pela primeira vez o metal tungsténio.
- 1956: Arthur Van Hippel fundou e desenvolveu o conceito de engenharia molecular na Universidade do MIT, em resultado do qual foram produzidos muitos materiais dieléctricos, ferroeléctricos e piezoeléctricos.
- 1958: Jack Kilby, da Texas Instruments, criou o primeiro "circuito integrado", razão pela qual ganhou o Prémio Nobel em 2000.
- 1959: Richard Feynman, um físico da Universidade de Tecnologia da Califórnia, proferiu um famoso discurso intitulado "Há muito espaço lá em baixo", no qual levantou a possibilidade e a investigação da engenharia atómica.
- 1965: Gordon Moore, um dos fundadores da Intel, fez várias previsões sobre o futuro dos aparelhos eléctricos, transístores e circuitos integrados num artigo publicado na revista Electronics.

- 1974: O cientista japonês Norio Taniguchi, da Universidade de Tecnologia do Japão, utilizou a palavra "nanotecnologia" pela primeira vez.
- 1981: Gerd Binnig e Henrich Rohrer, que trabalhavam no laboratório da IBM em Zurique, construíram o "Scanning Tunneling Microscope", através do qual os cientistas puderam ver e controlar os átomos pela primeira vez. Ganharam o Prémio Nobel em 1986.
- 1981: O cientista russo Alexey Ekimov descobriu as estruturas semicondutoras de nanocristais feitas de partículas quânticas no substrato de vidro e realizou uma extensa investigação sobre as suas propriedades eléctricas e ópticas.
- 1985: Vários cientistas conseguiram criar uma estrutura de moléculas de carbono semelhante a uma bola de futebol chamada Buckminsterfullerenes ou C60, que tinha 0,7 nm de diâmetro. Este grupo ganhou o Prémio Nobel da Química em 1996.
- 1985: Lewis Bruce, do Laboratório Bell, criou os "nanocristais semicondutores coloidais" ou "partículas quânticas" e por isso ganhou o Prémio Nobel em 2008.
- 1986: Um grupo de cientistas conseguiu inventar o "Microscópio de Força Atómica", com a ajuda do qual foi possível ver, medir e controlar a estrutura dos materiais em dimensões inferiores a nanómetros.
- 1989: No laboratório da IBM, Don Eigler e Erhard Schweizer conseguem fabricar a marca registada da IBM com 35 átomos de xénon, o que demonstra a sua capacidade de controlar com precisão a posição dos átomos e de fabricar equipamentos utilizando a nanotecnologia.

- 1990: As primeiras empresas de nanotecnologia, como a Nano phase Technologies, Helix Energy Solutions Group, Zyvex e Nano-Tex, começaram a trabalhar.
- 1991: Sumio Iijima da empresa NEC descobriu os "nanotubos de carbono". Estes nanotubos têm características únicas em termos de resistência, condutividade eléctrica e térmica.
- 1992: Um grupo de cientistas da Mobil Oil Company produziu materiais catalisados com nanomateriais denominados MCM-41 e MCM-48, que são utilizados em várias indústrias, tais como petróleo e gás, tratamento de água, produtos farmacêuticos, etc.
- 1993: Mongi Baundi, da Universidade do MIT, inventou o método de fabrico controlado de nanocristais (partículas quânticas) e abriu caminho a muitos avanços em vários domínios, desde a bio-computação aos geradores de energia solar.
- 1998: O Grupo de Trabalho Colaborativo sobre Nanotecnologia (IWGN) foi criado sob a supervisão do Conselho Nacional de Ciência e Tecnologia dos EUA para tomar decisões sobre a ciência e tecnologia à escala nanométrica e o futuro desta tecnologia.
- 1999: Chad Mirkin da Northwestern University descobriu a "nanolitografia Dip-pen", que tornou possível construir circuitos eléctricos repetíveis e fazer diferentes desenhos a partir de materiais biológicos para investigação celular, gravação à escala nanométrica e outras aplicações.
- 2000: Foram colocados no mercado dispositivos fabricados com nanotecnologia. Estes incluem bolas de golfe resistentes ao desgaste, bolas de golfe mais bem direccionadas, raquetes de ténis mais leves, meias antibacterianas com nanopartículas de prata, óculos de sol mais claros, vestuário à prova de manchas e de água, cosméticos de penetração mais profunda, lentes de óculos

resistentes a riscos, baterias com velocidades de carregamento mais rápidas e ecrãs de melhor qualidade para televisores, telemóveis e câmaras digitais.

- 2003: Um grupo de cientistas da Universidade de Rice fabricou um invólucro de nanopartículas de ouro cujo tamanho pode ser ajustado e que pode ser utilizado como substrato para o fabrico de dispositivos de diagnóstico, descoberta, administração de medicamentos, cirurgia, etc.
- 2004: Sunny Albani lançou o primeiro curso académico no domínio da nanotecnologia na América.
- 2005: Os cientistas do Instituto de Tecnologia da Califórnia apresentaram a teoria dos "cálculos baseados no ADN" e da "auto-organização algorítmica", que foram utilizados nos cálculos do crescimento de nanocristais.
- 2006: Cientistas da Universidade de Rice construíram um nano carro à base de oligo (fenileno etinileno) com eixos feitos de alquino e quatro rodas feitas de C60. Este carro movia-se devido à acumulação de calor num leito de ouro devido à rotação do C60. A uma temperatura superior a 300 graus Celsius, a velocidade deste carro era tão elevada que os cientistas não o conseguiam seguir.
- 2007: Cientistas da Universidade do MIT criaram uma bateria de iões de lítio utilizando vírus inofensivos, que foi fabricada a um custo muito baixo e de forma amiga do ambiente. Esta bateria tinha as mesmas características das baterias convencionais utilizadas em carros eléctricos e pequenos aparelhos.
- 2010: Cientistas da Universidade de Nova Iorque criaram dispositivos baseados em nano-robots semelhantes ao ADN. Um grupo destes nano-robôs tinha a capacidade de se auto-construir e

podia fazer versões semelhantes e complexas de si próprios nas condições certas.

- 2011: A IBM criou uma agulha de silício para detetar materiais em nano dimensões e desenhar um mapa nanométrico da superfície no menor tempo possível. Este dispositivo é capaz de preparar o mapa de superfície desejado com uma precisão de 15 nm.

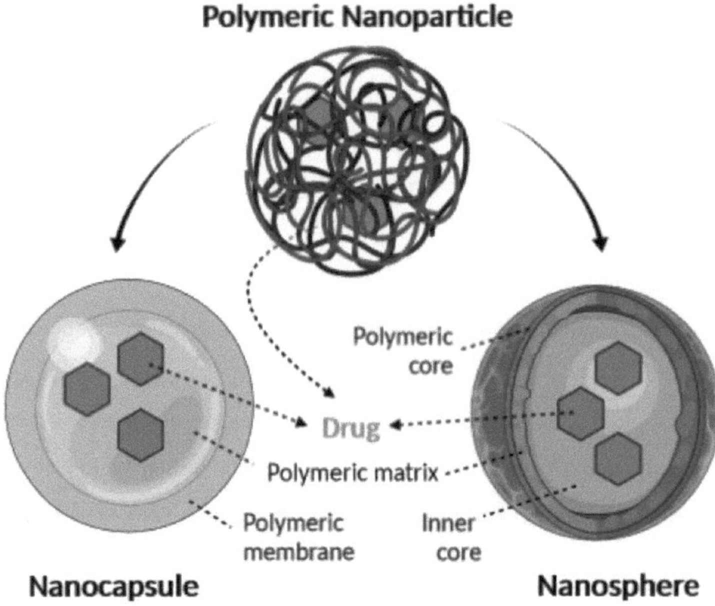

Figura 5. Nanopartículas poliméricas: Produção, Caracterização, Toxicologia e Ecotoxicologia

O que é a nanotecnologia médica?

A nanotecnologia médica é um domínio que combina os princípios da nanotecnologia com a ciência médica e os cuidados de saúde. Este domínio inclui o desenvolvimento e a aplicação de materiais, dispositivos e técnicas à escala nanométrica para o diagnóstico, o tratamento e a prevenção de doenças. A nanotecnologia lida com estruturas e materiais à escala nanométrica, que vai de 1 a 100 nanómetros. No domínio da medicina, esta pequena escala permite o controlo e a manipulação precisos de sistemas e materiais biológicos.

Aplicações da nanotecnologia médica

A nanotecnologia médica tem uma vasta gama de aplicações em diferentes aspectos.

Administração de medicamentos

Os sistemas de administração de fármacos à escala nanométrica oferecem a possibilidade de uma administração precisa e direccionada de fármacos. As nanopartículas, os lipossomas e outros nanotransportadores podem encapsular fármacos e administrá-los a células ou tecidos específicos. Por exemplo, a administração de medicamentos de quimioterapia a células cancerígenas ou a travessia da barreira hemato-encefálica para tratar perturbações neurológicas.

Diagnóstico e tratamento do cancro

A nanotecnologia desempenha um papel importante no diagnóstico e tratamento do cancro. As nanopartículas podem ser concebidas para se ligarem seletivamente a células cancerosas ou a marcadores tumorais, permitindo a deteção precoce através de técnicas de imagiologia como a ressonância magnética, a tomografia computorizada ou a tomografia por emissão de positrões (PET). Além disso, podem ser utilizados tratamentos como a terapia foto-térmica e nanopartículas carregadas com medicamentos para atingir e destruir as células cancerígenas.

Imagiologia médica

As nanopartículas podem melhorar a resolução e a sensibilidade das tecnologias de imagiologia médica. As nanopartículas superparamagnéticas e as nanopartículas de ouro são utilizadas como agentes de imagiologia para melhorar a visibilidade de tecidos, órgãos ou biomarcadores específicos em exames de ressonância magnética, tomografia computorizada e ultra-sons.

Diagnóstico

Os sensores e ensaios à nanoescala são utilizados no diagnóstico para detetar várias doenças e biomarcadores. Oferecem uma grande sensibilidade e especificidade na deteção de doenças infecciosas, cancro e outros problemas de saúde; os exemplos incluem biossensores e testes de fluxo lateral.

Vacinas

A nanotecnologia médica pode melhorar a eficácia das vacinas, aumentando a sua estabilidade e imunogenicidade. Os sistemas de administração de vacinas baseados em nanopartículas podem estimular uma resposta imunitária mais forte e permitir a administração de múltiplos antigénios numa única vacina, o que é especialmente importante na produção de vacinas contra doenças infecciosas.

Engenharia de tecidos e medicina regenerativa

A nanotecnologia é utilizada para criar biomateriais e suportes à escala nanométrica que imitam a matriz extracelular e promovem o crescimento celular e a regeneração dos tecidos. Este domínio é valioso para a reparação de tecidos e órgãos danificados e é muito promissor para o desenvolvimento de órgãos artificiais.

Dispositivos implantáveis

Os materiais e sensores à escala nanométrica estão integrados em dispositivos médicos implantáveis para monitorizar e regular vários parâmetros fisiológicos. Os exemplos incluem nanossensores para a monitorização da glucose na gestão da diabetes e stents medicados para cuidados cardiovasculares.

Terapia genética

As nanopartículas podem ser utilizadas para transportar material genético, como o ADN ou o ARN, para células ou tecidos específicos. Este método é essencial em abordagens de terapia genética para tratar doenças genéticas, cancro e outras doenças.

Revestimentos antibacterianos

A nanotecnologia médica pode ser utilizada para criar revestimentos antibacterianos e antimicrobianos para dispositivos médicos, como implantes, reduzindo o risco de infecções associadas a estes dispositivos.

Cicatrização de feridas

Os pensos e ligaduras baseados na nanotecnologia podem promover uma cicatrização mais rápida das feridas, fornecendo factores de crescimento ou agentes antimicrobianos ao local da ferida.

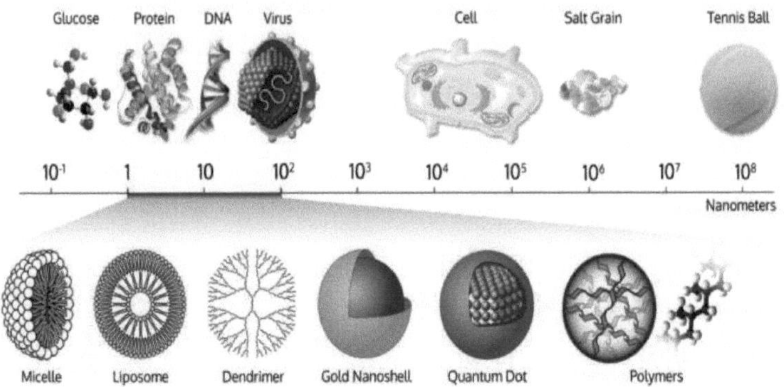

Figura 6. O que são nanopartículas e para que são utilizadas?

Tratamentos neurológicos

A utilização da nanotecnologia para a administração orientada de medicamentos e agentes terapêuticos está a ser investigada para o tratamento de doenças neurológicas, incluindo a doença de Alzheimer e a doença de Parkinson.

Tratamento das doenças dos olhos

A nanotecnologia é utilizada no desenvolvimento de sistemas de administração de medicamentos e de dispositivos intra-oculares para tratar doenças oculares como o glaucoma e a degenerescência macular relacionada com a idade.

Desvantagens da nanotecnologia médica

Embora a nanotecnologia médica tenha benefícios e aplicações promissoras, também apresenta algumas desvantagens e desafios:

Alguns nanopartículas podem ter efeitos adversos na saúde humana e a sua segurança a longo prazo ainda está a ser investigada. Garantir a biocompatibilidade e a segurança dos materiais à escala nanométrica é um desafio crítico. O quadro regulamentar para a nanotecnologia médica está a evoluir e pode não estar totalmente desenvolvido para abordar as características únicas e os riscos associados aos nanomateriais. Além disso, a utilização da nanotecnologia na medicina levanta questões éticas, especialmente no que respeita à privacidade, ao consentimento informado e ao potencial de abuso. O desenvolvimento e a produção de materiais e dispositivos à escala nanométrica podem ser dispendiosos, o que pode limitar a sua acessibilidade em populações ou sistemas de cuidados. O comportamento dos nanomateriais no corpo humano, incluindo a sua distribuição, acumulação e efeitos a longo prazo, necessita de mais investigação. Em alguns casos, os agentes patogénicos ou as células podem mostrar resistência aos tratamentos baseados na nanotecnologia. Além disso, o comportamento das nanopartículas no corpo pode ser imprevisível, o que torna difícil prever todos os resultados.

Nano tecnologia em cores

Tintas de auto-limpeza

Estas cores podem ser preparadas através da adição de diferentes tipos de nanopartículas autolimpantes à resina de tinta. Estas cores são muito transparentes e podem ser utilizadas em todas as superfícies interiores e exteriores do edifício. Estas cores são muito apreciadas para aumentar a durabilidade, reduzir os custos e reduzir o tempo necessário para a manutenção do equipamento.

Tintas antibacterianas

Com a ajuda da nano tecnologia e a utilização de revestimentos antibacterianos, é criada uma propriedade antibacteriana inerente nas superfícies, que não se perde com a lavagem ou a utilização de detergentes. Estes revestimentos impedem o crescimento de bactérias e micróbios na superfície e protegem as superfícies contra fungos e bolores em locais públicos, etc.

Tintas anti-estáticas

É muito necessário utilizar revestimentos antiestáticos com a capacidade de conduzir eletricidade e transferir eletricidade estática em locais onde existam materiais inflamáveis. A tinta anti-estática tem elevadas propriedades químicas e físicas, e a utilização deste tipo de tinta melhora a sua qualidade e durabilidade.

Cores resistentes a riscos

Estas cores são resistentes aos riscos. Por isso, podem ser utilizadas no revestimento de exteriores, interiores, portas e janelas, pavimentos, etc.

Nano tecnologia em isoladores

Isolamento acústico

Nos materiais de isolamento acústico, a velocidade das ondas sonoras é reduzida. Os nanoisolantes acústicos são menos espessos do que os isolantes convencionais e são mais utilizados no sector da construção.

Isolamento térmico

Nestes isoladores, quanto maior for a resistência térmica, menos calor passa através deles e poupa-se mais. Assim, o interesse dos isolantes não está na sua espessura, mas na sua resistência térmica.

Isolamento da humidade

A resistência à penetração da humidade desempenha um papel muito importante na durabilidade dos materiais de construção. As nanoplacas de argila e as fibras de celulose são revestimentos resistentes à humidade. Estes revestimentos não têm quaisquer efeitos secundários.

Tipos de nanopartículas

Nanopartículas semicondutoras (pontos quânticos)

Um ponto quântico é uma região de um cristal semicondutor que contém electrões, buracos ou ambos. Esta região vai de vários nanómetros a várias centenas de nanómetros. Nos pontos quânticos, os electrões ocupam diferentes níveis de energia, tal como no estado de um átomo. Por esta razão, são também designados por átomos artificiais. Em comparação com o fio quântico, que se encontra a uma dimensão, e as camadas quânticas, que se encontram a duas dimensões, os pontos quânticos são nanoestruturas tridimensionais. Estes compostos são amplamente utilizados em domínios ópticos devido à sua elevada eficiência quântica.

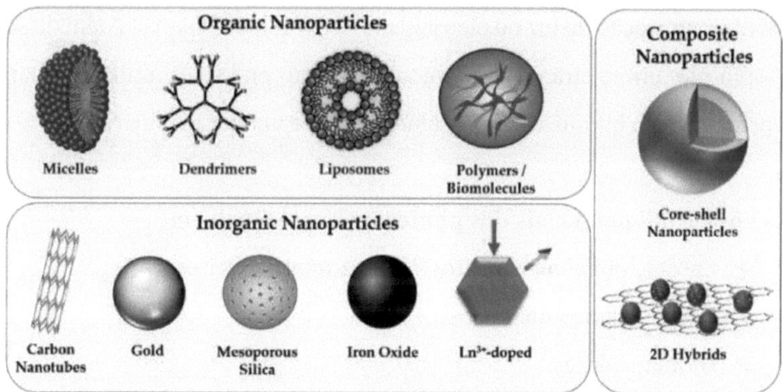

Figura 7. Panorâmica dos tipos de nanopartículas (NP) normalmente utilizados, classificados

Existem três métodos principais para a produção de pontos quânticos, um dos quais envolve o crescimento de pontos quânticos num recipiente de reação. Nos outros dois métodos, os pontos quânticos são criados sobre ou perto da superfície de um cristal semicondutor. No segundo método, o processo de litografia é utilizado para criar uma nanoestrutura bidimensional (uma estrutura que tem duas nano dimensões) e, em seguida, é efectuada uma gravação para separar os pontos quânticos nas nanoestruturas acima referidas.

No terceiro método, ao depositar um material semicondutor com uma constante de rede maior (a constante de rede representa o espaçamento dos átomos numa estrutura cristalina regular) num semicondutor com uma constante de rede menor (o método conhecido como crescimento entrelaçado sob tensão), foram criados pontos "auto-montados". Os pontos quânticos semicondutores fluorescem com estímulos eléctricos ou radiação de diferentes comprimentos de onda. Estas partículas podem igualmente refletir, refratar ou absorver a luz em função da tensão aplicada. Esta caraterística levou a que estes compostos fossem utilizados em materiais fotocrómicos e electrocrómicos (materiais que mudam de cor devido à aplicação de luz ou eletricidade) e em células solares. Além disso, o spin de um eletrão num ponto quântico pode ser utilizado para representar um bit quântico ou qubit num computador quântico.

As aplicações potenciais dos pontos quânticos incluem

- Lasers com comprimentos de onda muito precisos;
- Computadores quânticos;
- Biomarcadores.

Nanopartículas cerâmicas

As nanopartículas mais comuns são as nanopartículas cerâmicas, que se dividem em cerâmicas de óxidos metálicos, como o titânio, o zinco, o alumínio e os óxidos de ferro, e nanopartículas de silicatos (os silicatos ou óxidos de silício são também cerâmicas), que se apresentam geralmente sob a forma de partículas de argila à escala nanométrica. As nanopartículas de óxidos metálicos têm o mesmo tamanho nas três dimensões, de dois ou três nanómetros a 100 nanómetros, aderem umas às outras por forças electrostáticas e são depositadas sob a forma de pó muito fino. As nanopartículas cerâmicas são obtidas por métodos de síntese química e por processos de estado sólido. As nanopartículas de silicato são partículas com uma espessura de aproximadamente um nanómetro e uma largura de 100 a 1000 nanómetros. Os tipos mais comuns de nanopartículas de silicato são a montmorilonite ou o aluminossilicato em camadas. Estes tipos de nanopartículas são combinados com polímeros por polimerização ou por mistura fundida (mistura com um plástico fundido) e obtêm propriedades interessantes.

Quando o tamanho das nanopartículas diminui, a relação entre a superfície efectiva e o volume das partículas aumenta, os efeitos de superfície são superiores e a propriedade catalítica aumenta. Por este motivo, as nanopartículas são utilizadas como catalisadores em domínios como as baterias, as células de combustível e vários processos industriais. A maior percentagem de átomos na superfície das nanopartículas também altera as suas propriedades físicas, por exemplo, as cerâmicas que normalmente são frágeis tornam-se mais macias.

Finalmente, o aumento do nível efetivo aumenta a solubilidade. A modificação química da superfície das nanopartículas tem um grande efeito na sua eficiência e aplicação. A criação de propriedades hidrofílicas e hidrofóbicas é considerada como parte dos métodos de modificação química das nanopartículas. Para obter propriedades mais hidrofóbicas, as nanopartículas de silicato devem ser modificadas quimicamente, por exemplo, utilizando iões de amónio ou moléculas maiores, como os silsesquioxanos oligoméricos poliédricos (POSS), que são adequados para o revestimento de nanopartículas de silicato e como cargas.

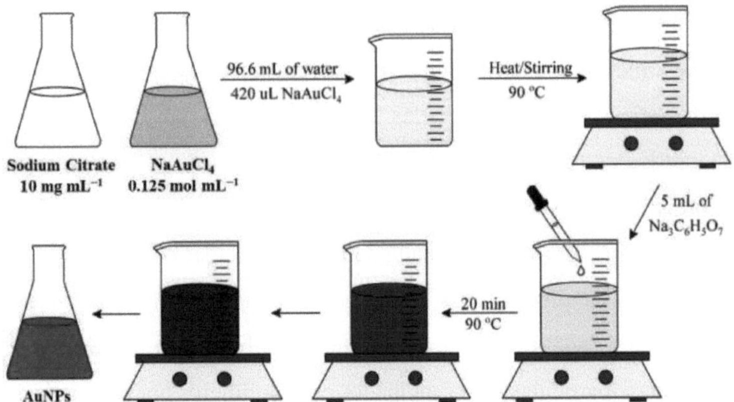

Figura 8. Nanopartículas de ouro: Um passo-a-passo didático da síntese utilizando o método de Turkevich

Nanocompósitos de nanopartículas cerâmicas

No nanocompósito de nanopartículas cerâmicas, as nanopartículas cerâmicas são distribuídas dentro de uma rede de polímeros. A utilização de nanopartículas em materiais compósitos pode aumentar a sua resistência química e térmica, reduzir o seu peso, acrescentar novas propriedades, como a condutividade eléctrica, e alterar a sua interação com a luz ou outras radiações. Uma das propriedades dos nanocompósitos de nanopartículas cerâmicas na indústria de embalagens é a redução da permeabilidade ao gás. Esta propriedade é causada pela forma granular das nanopartículas que força as moléculas a moverem-se ao longo do comprimento e das torções do material. Os enchimentos de silicato também podem alterar as propriedades de um polímero de endurecimento unidimensional para bidimensional.

Quando as nanopartículas de silicato (argila) são utilizadas como cargas em plásticos, criam uma força extraordinária através da dispersão de tensões. Além disso, a perda de água, a deformação (em compósitos que têm um coeficiente de expansão térmica mais baixo) e a permeabilidade ao gás são reduzidas, a resistência ao fogo e aos produtos químicos é aumentada e a reciclagem destes materiais torna-se mais fácil. As cargas de argila com menor quantidade de carga do que as cargas normais aumentam a resistência. Por exemplo, ao adicionar 5% de cargas nanoargilosas aos compósitos, obtém-se o mesmo resultado que ao aumentar 20% de cargas como as fibras de vidro. Além disso, a quantidade de carga pode ser aumentada para 10% sem alterar a maleabilidade do produto, o que não é possível com cargas convencionais.

Nanopartículas metálicas

As nanopartículas metálicas são produzidas por métodos de condensação de vapor e de fio explosivo. Estas nanopartículas podem ser misturadas num sólido sem derreter (sob a designação de baking) a temperaturas inferiores à temperatura de fusão do metal. Este trabalho permite facilitar o processo de produção de revestimentos e melhorar a sua qualidade, especialmente em aplicações electrónicas como os condensadores. Além disso, as nanopartículas metálicas transformam-se em superfícies e materiais a granel a uma temperatura inferior à temperatura das partículas metálicas maiores e não nanométricas, reduzindo o custo de fabrico.

Nanocompósitos de nanopartículas metálicas

Os nanocompósitos de nanopartículas metálicas são obtidos através da mistura de nanopartículas metálicas com polímeros. Estes nanocompósitos podem ser utilizados em computadores e equipamentos electrónicos devido à sua boa resistência às interferências electromagnéticas. Os nanocompósitos de nanopartículas metálicas têm capacidades especiais de condução térmica e eléctrica, o que aumenta a sua eficiência.

Aerogéis

Os aerogéis são um grupo de materiais com superfícies específicas muito elevadas e densidade muito baixa (por vezes, apenas quatro vezes mais pesados do que o ar). Estes compostos são produzidos através de processos sol-gel. Quando o sol (solução) é vertido para um molde, forma-se um gel húmido. Por secagem e processamento térmico, o gel resultante transforma-se em partículas densas de vidro ou cerâmica. Se o líquido do gel húmido for removido em condições supercríticas, obtém-se um aerogel. A utilização de aerogéis como membranas em processos de separação e filtração está a ser investigada. Os aerogéis são também utilizados em naves espaciais para recolher poeiras interestelares. Estes compostos foram testados para utilização em janelas de vidro duplo como camada de enchimento em vez de ar.

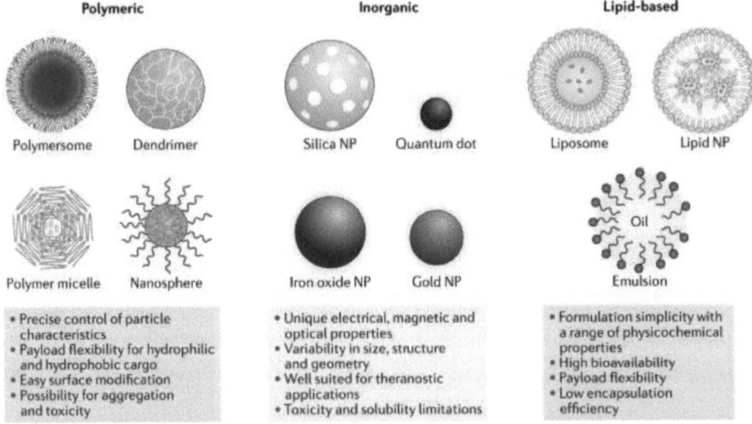

Figura 9. Engenharia de nanopartículas de precisão para administração de medicamentos

Nano revestimentos e nano camadas

Os nano-revestimentos são superfícies de uma ou várias camadas com uma espessura de 1 a 100 nm. Os revestimentos à base de nanopartículas apresentam propriedades diferentes. A força e a resistência à abrasão estão entre as propriedades que têm maior vantagem nos nano-revestimentos, e a transparência também é importante no seu caso.
Especialmente nos casos em que é necessário um aumento da dureza sem que a superfície fique baça. A utilização de revestimentos em superfícies cerâmicas torna as referidas superfícies anti-riscos e mais fáceis de limpar. Os nano-revestimentos duros e anti-riscos também podem ser utilizados para revestir vidros. Foram propostos alguns tipos de células solares, que são feitas de nanopartículas para aumentar a sua resistência.
Os revestimentos por pulverização térmica à base de nanopartículas de óxido de metal são utilizados na reparação de peças metálicas desgastadas ou corroídas. Atualmente, as nanopartículas metálicas são também utilizadas na indústria eletrónica para cobrir as superfícies dos condensadores. O nano-revestimento de óxido de titânio nanocristalino permite produzir janelas fotocrómicas (mudança de cor devido à luz) ou electrocrómicas (mudança de cor devido à aplicação de potencial elétrico) baratas.
Também é possível criar superfícies nas janelas que se limpam sozinhas com o mínimo de hipóteses de chuva. Os revestimentos podem ser anti-estáticos, anti-embaciamento e antirreflexo e, embora permitam a passagem da luz visível, impedem a passagem de pequenos comprimentos de onda de luz, como os raios ultravioleta.
Vários revestimentos cerâmicos contendo nanopartículas criaram um tipo de compósito que tem muitas aplicações devido a propriedades como a resistência à abrasão e aos produtos químicos e o isolamento térmico. Do mesmo modo, os revestimentos à base de sulfureto de molibdénio que contêm nanoclusters demonstraram uma maior resistência à fricção, ao

desgaste e à corrosão química resultante da fricção em condições de humidade.

Os métodos Sol-gel e de auto-montagem são também utilizados para produzir revestimentos, que são muito promissores para o futuro. Os revestimentos terão inevitavelmente aplicações como a proteção da eletrónica das naves espaciais contra a radiação e a proteção térmica para a reentrada na atmosfera. Os revestimentos cerâmicos com nanopartículas proporcionam estabilidade térmica e resistência à erosão em peças de motores. Os revestimentos que contêm nanopartículas metálicas, que têm aplicações específicas em computadores e equipamentos electrónicos, apresentam uma boa resistência às interferências electromagnéticas.

Capítulo II

Síntese de nanopartículas

Tipos de métodos de síntese de nanomateriais

Existem diferentes métodos de síntese de nanomateriais, tais como a deposição física de vapor, a deposição química de vapor, o método sol-gel, o método de plasma RF, o método de laser pulsado, o método de termólise e o método de combustão em solução.

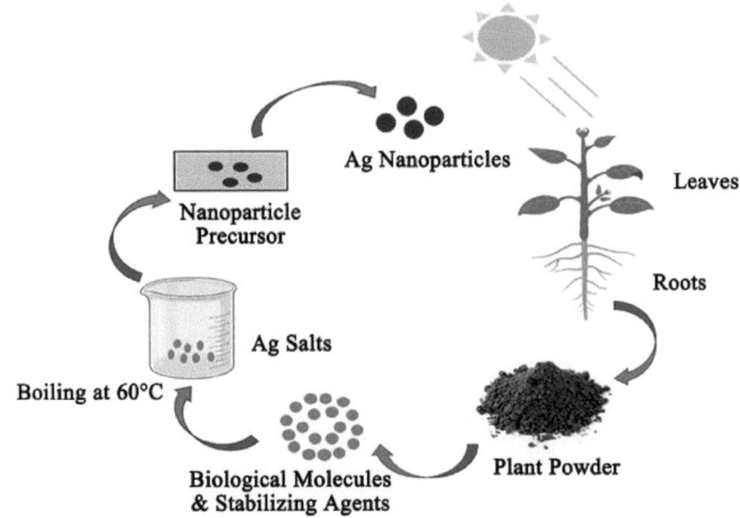

Figura 10. Síntese biológica de nanopartículas e suas aplicações na produção agrícola sustentável

1. Deposição física de vapor

Através deste método, são sintetizadas películas finas de diferentes metais em diferentes superfícies. Este método consiste na síntese de nanomateriais resultantes da condensação a partir da fase de vapor. Existem três etapas principais neste processo:

- Evaporação da fase de vapor relacionada com o material do substrato;
- Transporte de materiais da fonte para a fonte;

- Formação de películas e partículas finas por nucleação e crescimento.

A fonte utiliza feixes de electrões, energia térmica, técnica de pulverização e impulso de arco catódico.

2. Síntese de nanomateriais pelo método de deposição química de vapor

Este processo de síntese de nanomateriais é utilizado principalmente na indústria de semicondutores para criar películas finas. Neste processo, o substrato é fornecido com um ou mais precursores voláteis que se evaporam no substrato. Na deposição química de vapor, os precursores vaporizados são introduzidos num reator e depositados num material que é adsorvido a alta temperatura. No processo de deposição de vapor químico, os precursores vaporizados são absorvidos no material. As moléculas adsorvidas reagem para se decomporem e produzirem cristais. Existem três etapas principais no processo de deposição química de vapor:

- Os reactores são activados na superfície de crescimento de uma camada limite;
- As reacções químicas ocorrem na superfície de crescimento.

Os produtos produzidos pela reação em fase gasosa são removidos da superfície.

4. Síntese de nanomateriais pelo método sol-gel

Neste método químico de síntese de nanomateriais, a solução transforma-se gradualmente num gel, como um sistema de duas fases que inclui uma fase líquida e uma fase sólida. A morfologia continua em duas fases, de partículas discretas a redes de polímeros. Inicialmente, uma quantidade significativa de líquido pode ser removida por este método para determinar as propriedades do gel.

O método sol-gel é um método de síntese a baixa temperatura e é também económico. Neste método, a composição química do produto pode ser controlada e a solução pode ser dopada com corantes orgânicos e metais de terras raras. Os dopantes são uniformemente dispersos no produto final. Este método pode ser utilizado na síntese de materiais cerâmicos e na produção de películas finas de óxidos metálicos. Os nanomateriais produzidos por este método têm amplas aplicações em eletrónica, medicina, tecnologia de separação e ótica.

5. Síntese de nanomateriais pelo método de plasma RF

O plasma é utilizado na síntese de nanomateriais pelo método do plasma radioativo. Este plasma é gerado por bobinas de aquecimento RF. Primeiro, o metal é colocado numa pistola e depois numa câmara de descarga eléctrica. O metal é aquecido acima do seu ponto de vaporização à volta da câmara de descarga utilizando bobinas de alta tensão. O gás hélio entra no sistema e este gás forma um plasma de alta temperatura na área da bobina. O vapor metálico é criado nos átomos de gás hélio e ligado a uma câmara de haste fria onde os nanomateriais são recolhidos.

6. Síntese de nanomateriais pelo método do laser pulsado

Este método é capaz de produzir a um ritmo superior a 3 gramas por minuto. Este método é utilizado principalmente na síntese de nanomateriais de prata. A solução de nitrato de prata e o agente precipitante são colocados num dispositivo semelhante a um misturador. Este dispositivo é constituído por um disco sólido que gira. São criados pontos quentes na superfície do disco, que passam como um impulso de um raio laser. Nestes pontos quentes, o nitrato de prata reage com o agente precipitante e formam-se pequenas partículas de prata. Estes nanomateriais podem ser separados por centrifugação. O tamanho dos nanomateriais é controlado pelo laser e pela velocidade angular do disco.

7. Síntese de nanomateriais por método hidrotérmico

O processo em que os nanomateriais são convertidos em cátodos metálicos e aniões moleculares ou compostos orgânicos metálicos a alta temperatura por decomposição sólida é designado por hidrotérmico. Por exemplo, podemos prestar atenção à produção de nanomateriais de lítio através da decomposição de nitrato de lítio, que se decompõe a uma temperatura de aproximadamente 3700 graus Celsius e liberta gás N_2 . Como resultado, a pressão devido à libertação do gás N_2 aumenta. Isto pode ser observado com um barómetro. Após alguns minutos, a pressão atinge o valor inicial. Isso indica que todo o gás N_2 foi removido. Os átomos de lítio restantes combinam-se para formar pequenas partículas metálicas coloidais. Esta resistência pode ser obtida através da introdução de um gás adequado. Com este método podem ser produzidos nanomateriais com menos de 5 nm.

8. Síntese de nanomateriais pelo método de combustão

Os materiais podem ser sintetizados através do método de combustão de nanomateriais Fe O_{34} e MgxFe (1-x) O, também designado por síntese de combustão ou síntese espontânea a alta temperatura. Trata-se de um método eficaz, benéfico e de baixo custo para a produção de vários nanomateriais industriais. Atualmente, o método de combustão tornou-se um método muito popular para a preparação de nanomateriais. Nos últimos 5 anos, foram feitos alguns progressos neste domínio devido à investigação aprofundada. Estes desenvolvimentos mostram que o desenvolvimento de novos catalisadores e nanoestruturas com melhores propriedades do que os materiais tradicionais são semelhantes entre si.

Além disso, esta investigação realça as capacidades da combustão para melhorar os materiais, poupar energia e proteger o ambiente.

- Combustão de nanomateriais do reator primário no estado sólido ou em fase de densidade;
- Síntese por combustão de pós nanoestruturados;
- A síntese de nanomateriais em chama significa combustão em fase gasosa.

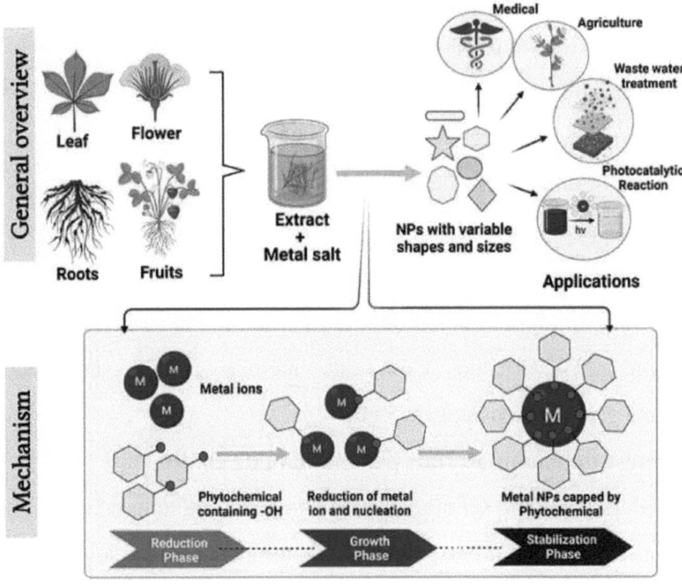

Figura 11. Revisitando a síntese verde de nanopartículas

O método experimental para a síntese de pós de nanomateriais de magnetite Fe O34 é sintetizado pela combustão de soluções aquosas que incluem nitrato de flúor, nitrato de ferro e ureia. A composição da mistura pode ser calculada utilizando a avaliação do oxidante e a redução dos valores de combustível, alterando a proporção de 0,25 para 2.

Síntese de nanopartículas metálicas

As nanopartículas metálicas (como o ouro, a prata, o cobre, o alumínio, etc.) têm um núcleo metálico constituído por metal inorgânico ou óxido metálico, que é normalmente coberto por um invólucro de material orgânico ou inorgânico ou óxido metálico. Estas nanopartículas têm várias aplicações na nossa vida quotidiana. Devido às suas propriedades ópticas, eléctricas e magnéticas especiais, estas nanopartículas têm sido amplamente utilizadas em actividades de investigação e industriais. Uma das características mais importantes das nanopartículas metálicas são as suas propriedades ópticas, que são criadas de acordo com o fenómeno de ressonância plasmónica de superfície. As nanopartículas metálicas desenvolveram novos métodos económicos para o mercado de vários produtos de consumo e manufacturados, como cremes, champôs, roupas e recipientes de plástico. Utilizando dispositivos avançados e peritos experientes, a coleção Histogenotek tornou possível a preparação e análise destes nanomateriais.

Síntese de nanopartículas de prata

A prata é conhecida há muito tempo pelas suas propriedades antibacterianas. As nanopartículas de prata, devido à libertação de iões de prata e ao efeito na membrana e, finalmente, à alteração da morfologia estrutural das bactérias, levam-nas à morte e, desta forma, mostram as suas propriedades antibacterianas contra bactérias aeróbias e anaeróbias. Por conseguinte, esta nanopartícula é utilizada em pensos, pensos para feridas, pomadas para feridas e anti-sépticos para a pele. Ao ligarem-se às glicoproteínas de superfície do vírus, as nanopartículas de prata impedem que este se ligue às células hospedeiras, acabando por provocar a sua morte. Outras aplicações importantes destas nanopartículas de prata incluem o papel de transportadoras de medicamentos e genes, a utilização em biossensores para a deteção do cancro, a utilização em imagiologia médica e o revestimento de próteses vasculares e cateteres intravenosos.

Princípios da síntese de nanopartículas pelo método de precipitação química

A síntese química de nanopartículas inclui métodos de precipitação do produto a partir de uma solução contendo precursores. A deposição do produto (e especialmente os processos de síntese por co-precipitação) tem lugar com base em reacções de deposição (substituição), oxidação-redução, pirólise, hidrólise, deposição e condensação.

Métodos de síntese química

Em muitas nano-sínteses, o objetivo é preparar nanopartículas monodispersas. Além disso, um processo de síntese é valioso quando a variação no tamanho das partículas do produto é inferior a 5%. As nanopartículas que têm uma gama limitada de tamanhos apresentam propriedades homogéneas e especiais. Apenas essas nanoestruturas têm a capacidade de serem amplamente utilizadas em produtos industriais. Por conseguinte, é muito importante fornecer métodos de síntese de nanomateriais em grande escala que conduzam à produção de partículas únicas dispersas e homogéneas. Em geral, as sínteses químicas incluem métodos que envolvem a precipitação a partir de uma fase líquida (ou solução). Estes métodos opõem-se aos métodos mecânicos de síntese de nanomateriais (geralmente abordagens top-down) e aos métodos físicos (geralmente métodos de síntese em fase gasosa). Em alguns textos, estes métodos são designados por métodos húmidos ou sintéticos ou síntese a partir da fase de solução.

Pode dizer-se que, neste caso, as espécies solúveis se transformam numa forma química insolúvel (ou menos solúvel). Os métodos químicos de síntese de nanomateriais, por serem considerados abordagens ascendentes, permitem a engenharia de nanoestruturas e também a modificação da superfície. Além disso, os métodos de síntese a partir da fase de solução, tal como os métodos físicos (e ao contrário de muitos métodos mecânicos), para além dos nanopós, têm também a capacidade de produzir camadas finas com nanotecnologia.

Isto apesar do facto de, em comparação com os métodos físicos, os métodos químicos exigirem basicamente instalações mais simples e mais baratas, o que é considerado uma grande vantagem à escala da investigação laboratorial e da produção industrial. Os métodos de degradação térmica, sol-térmica e hidrotérmica, a síntese em microemulsão ou micelas reversas, os métodos sol-gel e de precipitação química pertencem a esta categoria.

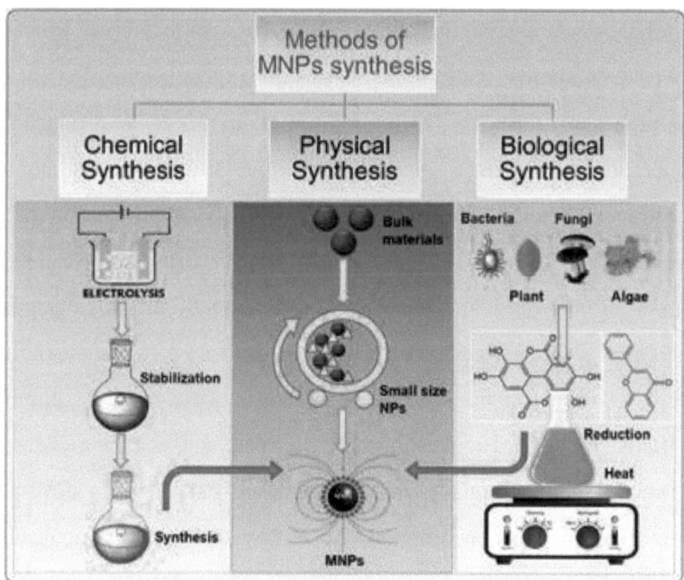

Figura 12. Revisão dos progressos recentes em nanopartículas magnéticas: Síntese e Caracterização

Método de deposição química

Pode dizer-se que o método de precipitação química é o principal e um dos primeiros entre os métodos químicos de fabrico de nanopartículas. Este método é por vezes mais precisamente designado por método de co-precipitação, porque a co-precipitação é um processo em que uma substância solúvel no ambiente se transforma numa estrutura insolúvel. Os princípios deste método de síntese são repetidos em muitos outros métodos de síntese a partir da fase de solução. Em geral, a formação de produtos pouco solúveis a partir da fase aquosa é a base deste método. O processo de deposição química inclui as fases de nucleação e crescimento. O controlo destas duas fases conduz à produção de produtos de qualidade. Muitos dos compostos criados por este método (especialmente a baixas temperaturas) têm um estado amorfo. Por conseguinte, para obter produtos com uma estrutura cristalina adequada, é necessário efetuar processos térmicos secundários, como a calcinação ou o recozimento. No entanto, estes processos térmicos secundários podem levar à formação de aglomerados e reduzir a qualidade das partículas do produto. Por conseguinte, é difícil preparar partículas monodispersas através do método de precipitação química.

Durante a última década, a nanotecnologia tem sido um dos campos de investigação mais activos. Neste período de tempo, a nanotecnologia conseguiu atrair a atenção de especialistas em muitos domínios científicos, incluindo a eletrónica, a química, a física, a ciência dos materiais, a biotecnologia e várias indústrias. Esta atenção deve-se às propriedades únicas encontradas no corpo das nanopartículas. As nanopartículas apresentam propriedades eléctricas, ópticas e magnéticas que não estão presentes na massa da matéria. Atualmente, uma nanopartícula é uma partícula que tem dimensões inferiores a 100 nanómetros. Para além do tipo metálico, as nanopartículas incluem isoladores e semicondutores, bem como nanopartículas compostas, como as estruturas de núcleo-camada. Além disso, as nanoesferas, as nano hastes e os nano copos são apenas considerados formas de nanopartículas. Existem muitos métodos diferentes para a produção de nanopartículas, que se dividem em três grupos gerais: Condensação de vapor, síntese química e processos de estado sólido.

De acordo com os anos de experiência no domínio da síntese de materiais nano-químicos, que utilizam principalmente métodos químicos, o Instituto de Materiais Cerâmicos Modernos pode prestar serviços a investigadores no domínio da síntese de todos os tipos de nano-materiais, especialmente nano-materiais metálicos e cerâmicos. Diferentes nanopartículas são sintetizadas neste instituto de investigação através de uma variedade de métodos químicos, tais como sedimentação, inoculação, fusão, hidrotermal e combustão, e estão disponíveis para os interessados.

Os métodos de síntese de nanomateriais são geralmente divididos em duas categorias. Método top-down e método bottom-up. No método descendente, obtemos componentes nanométricos a partir do volume e, no método ascendente, os nanomateriais são formados através da ligação dos átomos constituintes. A seguir, estes métodos foram objeto de uma investigação aprofundada.

Abordagens de baixo para cima: Redução química, processo sol-gel, síntese verde.

Abordagens de cima para baixo: Fresagem de esferas, litografia.

Métodos top-down

No método descendente, os materiais em grande escala são fisicamente decompostos em moléculas mais pequenas, incluindo métodos descendentes como a trituração, a erosão por laser, a erosão por faísca e a descarga por arco elétrico.

Fresagem mecânica

A moagem é um método comum para produzir materiais à escala nanométrica a partir de materiais a granel. A fresagem mecânica é um método eficaz para produzir nanomateriais com diferentes fases e é útil na produção de nanocompósitos. O moinho mecânico possui revestimentos resistentes ao desgaste para a produção de ligas de alumínio reforçadas com óxido e carboneto. Também é utilizado em nano ligas à base de alumínio, níquel, magnésio, cobre e muitos outros materiais nanocompósitos.

Electrofiação

A electrospinning é um dos métodos top-down mais simples para o desenvolvimento de materiais nanoestruturados. Em geral, são utilizados materiais como os polímeros para produzir nanofibras. Um dos avanços importantes na electrofiação é a electrofiação coaxial. Na electrospinning coaxial, o spinner consiste em dois capilares coaxiais. Nestes capilares, dois líquidos viscosos ou um líquido viscoso como casca e um líquido não viscoso como núcleo podem ser utilizados para formar uma nanoestrutura núcleo-casca num campo elétrico. A electrospinning coaxial é um método top-down eficaz e simples para obter fibras core-shell ultrafinas em grande escala. O comprimento destes nanomateriais ultra-finos pode ser aumentado para vários centímetros. Este método é utilizado para desenvolver materiais poliméricos, inorgânicos, orgânicos e híbridos com núcleo e casca oca.

Litografia

A litografia é um dos métodos de síntese de nanomateriais que utiliza um feixe de luz ou de electrões focalizado. A litografia pode ser dividida em dois tipos principais: Litografia com máscara e litografia sem máscara. No método com máscara, os nanomateriais são transferidos numa vasta área utilizando uma máscara ou um modelo especial. A litografia com máscara inclui a fotolitografia, a litografia de nanoimpressão e a litografia suave. No método sem máscara, a escrita do nano padrão desejado é efectuada sem a intervenção da máscara. A forma micro-nano 3D pode ser obtida através de implantação iónica com feixe de iões focalizados combinada com gravura química húmida.

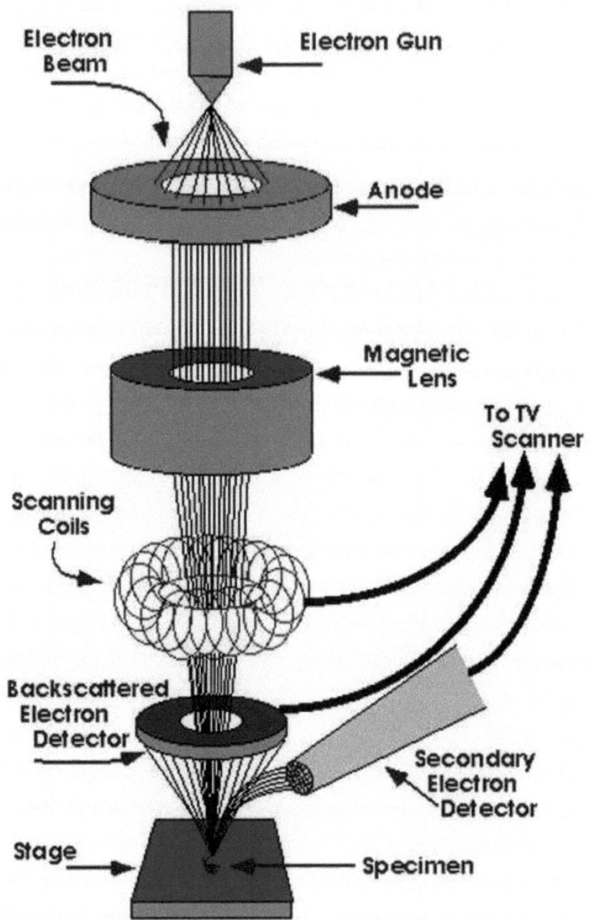

Figura 13. Técnicas de caraterização para aplicações nanotecnológicas em têxteis

Sputtering

A pulverização catódica é um processo utilizado para produzir nanomateriais através do bombardeamento de superfícies sólidas com partículas energéticas, como plasma ou gás. A pulverização catódica é considerada um método eficaz para produzir películas finas de nanomateriais. No processo de deposição por pulverização catódica, iões de gás de alta energia bombardeiam a superfície alvo e provocam a ejeção física de pequenos aglomerados atómicos, dependendo da energia do ião de gás. O processo de pulverização catódica pode ser efectuado de várias formas, tais como a utilização de um magnetrão, de um díodo de radiofrequência e de um díodo de pulverização catódica. É aplicada uma alta tensão ao cátodo e os electrões livres colidem com o gás para produzir iões de gás. Os iões carregados positivamente são fortemente acelerados no campo elétrico em direção ao alvo do cátodo, que estes iões atingem continuamente e, como resultado, os átomos são ejectados da superfície do alvo. A pulverização catódica por magnetrão é utilizada para produzir nanofilmes em camadas e papel de carbono.

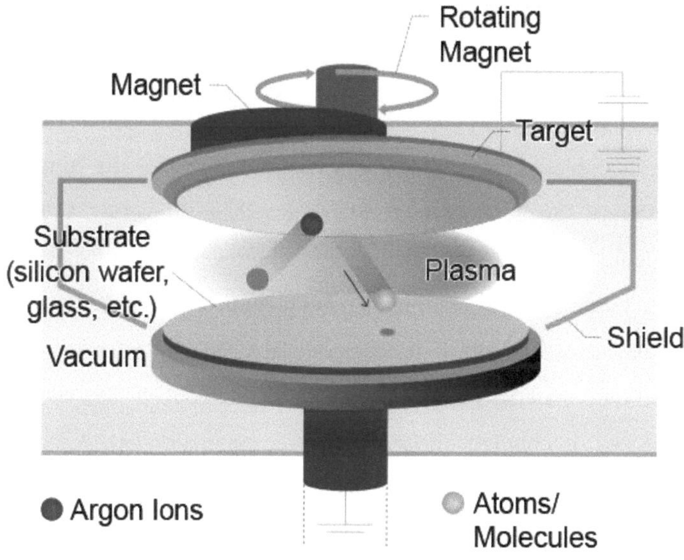

Figura 14. O que é Sputtering?

O método de descarga por arco

O método de descarga por arco elétrico é um dos métodos práticos para a produção de nanoestruturas. Este método permite a produção de materiais à base de carbono, tais como fulerenos, nanotubos de carbono e grafeno multicamadas. No método de descarga por arco elétrico, diferentes nanomateriais à base de carbono são recolhidos de diferentes posições, porque os seus mecanismos de crescimento são diferentes. O método de descarga por arco elétrico é muito importante para a produção de nanomateriais de fulerenos. No processo de formação, duas hastes de grafite são colocadas numa câmara onde é mantida uma certa pressão de hélio. O enchimento da câmara com hélio puro é importante porque a presença de humidade ou oxigénio impede a formação de fulerenos. A evaporação da vareta de carbono é efectuada por descarga de arco entre as extremidades das varetas de grafite.

Síntese de ablação por laser

A ablação por laser é outro método de síntese de nanomateriais. No método de ablação por laser, os diferentes métodos de síntese de nanomateriais são geralmente divididos em duas categorias. O método descendente e o método ascendente. No método descendente, é efectuado a partir da massa volumosa utilizando um potente feixe de laser que atinge o material alvo. Durante o processo de ablação por laser, o material principal ou o material precursor evapora-se devido à elevada energia da radiação laser e, como resultado, formam-se nanopartículas. A utilização da ablação por laser para produzir nanopartículas de metais nobres pode ser considerada um método ecológico, uma vez que não são necessários agentes estabilizadores ou outros produtos químicos. Nanomateriais, compósitos de óxidos e cerâmicas. A ablação por laser pulsado em líquidos é uma abordagem interessante para produzir soluções de nanopartículas coloidais monodispersas sem a utilização de tensioactivos ou ligandos. As propriedades das nanopartículas, como o tamanho e a distribuição média das partículas, podem ser ajustadas através da regulação da corrente e do comprimento de onda.

Métodos ascendentes

Os métodos de síntese de nanomateriais de baixo para cima são frequentemente designados por métodos húmidos, porque envolvem uma variedade de solventes e outros produtos químicos. Além disso, as partículas necessitam frequentemente de ser imobilizadas ou revestidas em solução para garantir que o seu crescimento não continua para além da escala nanométrica. Normalmente, as partículas têm de ser separadas ou transferidas das suas soluções para aplicação ou caraterização. As nanopartículas são normalmente sintetizadas utilizando métodos de química húmida, que incluem a formação de nanopartículas numa solução e, em seguida, a remoção do solvente e de outros materiais das partículas. O método de síntese por via húmida requer muito tempo e produtos químicos. Além disso, o material resultante pode estar contaminado com resíduos dissolvidos.

Método Sol-Gel

O método sol-gel é um método químico húmido que é amplamente utilizado para o desenvolvimento de nanomateriais. Este método é utilizado para desenvolver diferentes tipos de nanomateriais de alta qualidade à base de óxidos metálicos. Este método é designado por sol-gel porque, durante a síntese de nanopartículas de óxido metálico, o precursor líquido transforma-se num sol e, finalmente, o sol transforma-se numa estrutura de rede designada por gel. Os precursores habituais para a produção de nanomateriais por este método são os alcóxidos metálicos. O processo de síntese de nanopartículas através do método gel-celular pode ser completado em várias etapas. O primeiro passo é a hidrólise do óxido metálico em água ou com a ajuda de álcool para formar um sol. No passo seguinte, ocorre a condensação e, como resultado, a viscosidade do solvente aumenta e formam-se estruturas porosas. Durante o processo de compactação, as mudanças na estrutura, propriedades e porosidade continuam, e a porosidade diminui e a distância entre as partículas coloidais aumenta. Depois disso, ocorre a secagem, onde a água e os solventes orgânicos são removidos do gel. Finalmente, é efectuada a calcinação para obter nanopartículas.

Deposição química de vapor

É formada uma camada fina na superfície do substrato através da reação química de precursores em fase de vapor. Neste processo, o precursor deve ter uma elevada volatilidade, elevada pureza química, elevada estabilidade e uma boa relação custo-eficácia. Por exemplo, na produção de nanotubos de carbono, um substrato é colocado num forno e aquecido a uma temperatura elevada, e um gás contendo carbono é aplicado ao substrato. Por outro lado, a decomposição do gás liberta átomos de carbono, que se combinam e formam nanotubos de carbono no substrato.

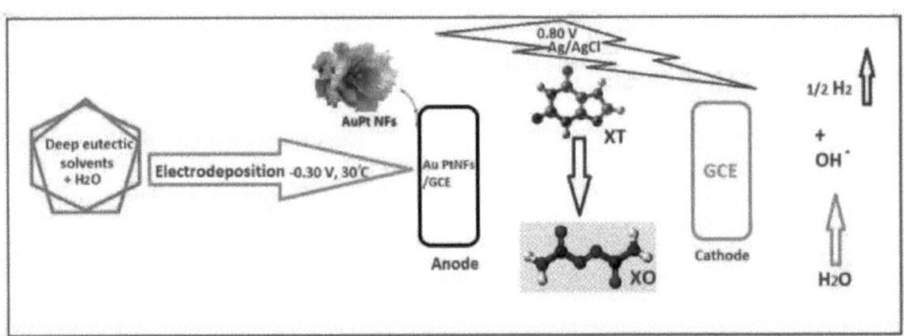

Figura 15. Síntese e caraterização de nanomateriais para aplicação

Métodos solvotérmicos e hidrotérmicos

O processo hidrotérmico é um dos métodos de síntese de nanomateriais mais conhecidos e amplamente utilizados para produzir materiais nanoestruturados. No método hidrotérmico, os materiais nanoestruturados são obtidos através de uma reação heterogénea em meio aquoso a alta pressão e à temperatura ambiente. O método do solvente térmico é o mesmo que o método hidrotérmico. A única diferença é que é realizado num ambiente não aquoso. Estes dois métodos são geralmente efectuados em sistemas fechados. O método hidrotérmico assistido por micro-ondas atraiu recentemente muita atenção para a engenharia de nanomateriais. O processo de dissolução térmica e hidrotérmica é um método adequado para a produção de vários tipos de nanomateriais, tais como nanofios, nano-hastes, nanofolhas e nanoesferas.

Métodos suaves e duros

Os métodos de moldagem suave e dura são amplamente utilizados para produzir nanomateriais porosos. O método suave é um método convencional simples para produzir materiais nanoestruturados. O método de moldagem suave é importante devido à sua implementação simples, às condições de teste relativamente simples e ao desenvolvimento de materiais úteis. Os copolímeros, as moléculas deste método orgânico flexível e os tensioactivos aniónicos, catiónicos e não iónicos são utilizados para sintetizar estruturas mesoporosas tridimensionais.

Em geral, os materiais mesoporosos são utilizados para a síntese. Vários factores podem afetar as estruturas dos materiais mesoporosos obtidos a partir de micelas dobradas em 3D, tais como a concentração do tensioativo e do precursor, a relação tensioativo-precursor, a estrutura do tensioativo e as condições ambientais. A dimensão dos poros dos materiais nano porosos pode ser ajustada alterando o comprimento da cadeia de carbono do tensioativo ou introduzindo agentes auxiliares de expansão dos poros.

Desta forma, é possível produzir uma vasta gama de materiais nanoestruturados, tais como nanoesferas de carbono.

O método do molde duro é também designado por nanofusão. São utilizados materiais sólidos como moldes e os poros do molde sólido são preenchidos com moléculas precursoras para obter nanoestruturas para as aplicações pretendidas. É preferível que os moldes tenham uma estrutura porosa durante o processo e possam ser facilmente deslocados. No primeiro passo, é selecionado o molde principal adequado. Em seguida, um precursor desejado é preenchido nos mesoporos do molde para os converter num sólido inorgânico. No último passo, o modelo original é removido para obter o modelo mesoporoso. Através da utilização de modelos mesoporosos, podem ser produzidos materiais nanoestruturados únicos, tais como nanofios, nano-hastes, materiais nanoestruturados 3D, óxidos metálicos nanoestruturados e muitas outras nanopartículas.

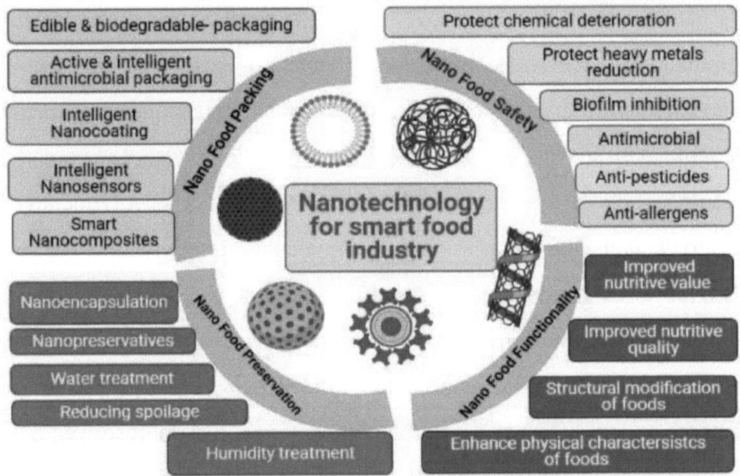

Figura 16 . Nanotecnologia na ciência dos alimentos e das plantas: Desafios e Perspectivas Futuras

Método da micela inversa

Este método é também uma técnica útil para a síntese de nanomateriais com a forma e o tamanho desejados. As emulsões de óleo em água dão origem a micelas típicas, e os segmentos hidrofóbicos movem-se em direção ao núcleo que aprisiona as gotículas de óleo no seu interior. Enquanto as micelas reversas em emulsões óleo-água são formadas quando as cabeças hidrofílicas se movem em direção ao núcleo que contém água.

O núcleo das micelas reversas actua como um nano-reator para a síntese de nanopartículas. Funciona como um reservatório para o desenvolvimento de nanomateriais. O tamanho dos nano-reactores é controlado através da alteração da relação entre a água e o surfactante e, em última análise, afecta o tamanho das nanopartículas sintetizadas por este método. Se a concentração de água diminuir, as gotículas de água serão mais pequenas e, consequentemente, formar-se-ão nanopartículas mais pequenas. As nanopartículas sintetizadas através do método da micela inversa são incrivelmente pequenas e dispersas na natureza.

Método de síntese verde e síntese biológica (Green Synthesize)

Um dos métodos de síntese de nanomateriais é a síntese verde, que é não-tóxica e não-poluente, amiga do ambiente e mais estável em comparação com os métodos físicos e químicos. Neste método, são utilizadas plantas e organismos vivos, como algas, cianobactérias, bactérias, vírus, leveduras e fungos. Os organismos biológicos ou os seus extractos são utilizados para a síntese ecológica de nanopartículas metálicas através da bio-redução de partículas metálicas que conduzem à síntese de nanopartículas. Os extractos de plantas são também uma fonte atractiva para a síntese ecológica de nanopartículas a partir de metais pesados, porque os hidratos de carbono, as proteínas e as coenzimas das plantas têm o potencial de reduzir os sais metálicos e de os converter em nanopartículas.

Por exemplo, as plantas são utilizadas para criar nanopartículas de prata e ouro e outras nanopartículas metálicas. As nanopartículas metálicas produzidas pelo método verde têm uma vasta gama de aplicações medicinais. Entre estas aplicações, podemos mencionar a administração de medicamentos ou de genes, o diagnóstico de doenças ou de proteínas e a engenharia de tecidos.

Factores que influenciam a síntese de nanopartículas: Reactores, temperatura, PH, etc.

O mecanismo dos processos sedimentares é apresentado de forma sucinta no artigo seguinte. O controlo de várias variáveis num sistema sintético pode desempenhar um papel importante no controlo do tamanho das partículas criadas e mesmo da morfologia dessas partículas. Os produtos dos processos de sedimentação podem variar desde cristais grosseiros até partículas coloidais nanoestruturadas finas, com base em diferentes soluções sintéticas.

O tamanho das partículas obtidas por diferentes reacções de precipitação química pode variar muito. Esta gama abrange desde os nano-colóides até aos depósitos cristalinos grosseiros. Os colóides finos, que normalmente nem sequer são visíveis à vista, não apresentam qualquer tendência para se depositarem (devido ao movimento browniano) e permanecem estáveis durante dias e meses, mas os sedimentos de granulometria grosseira precipitam rápida e espontaneamente. Ao contrário dos sedimentos coloidais, os sedimentos mais grosseiros podem ser facilmente separados por processos como a filtração, a centrifugação e o transbordo. Tal como referido no artigo anterior desta discussão, os processos de síntese de nanopartículas por precipitação química têm um mecanismo complexo que permanece desconhecido em muitos casos. Este artigo descreve o mecanismo de tais processos de forma específica e numa linguagem simples. A escolha correcta das variáveis de reação pode levar ao controlo de diferentes etapas e proporcionar um produto nanoestruturado com a forma e o tamanho esperados.

O mecanismo dos processos de deposição

Embora o complexo mecanismo de deposição a partir da solução ainda não seja totalmente compreendido, mas como uma abordagem de baixo para cima, as etapas de nucleação e crescimento são as duas partes principais deste processo.

Nucleação

Os núcleos são as primeiras partículas de uma determinada fase da matéria que são criadas durante um processo (aqui processos sintéticos). Na nucleação, um pequeno número de iões, átomos ou moléculas (dedos) juntam-se em torno uns dos outros e formam o núcleo primário. Este processo pode ser realizado num ambiente gasoso ou num ambiente de solução. Se os núcleos forem criados em posições específicas das superfícies no ambiente de reação, o processo é conhecido como nucleação heterogénea. Em muitos casos, os núcleos primários formam-se na superfície de uma impureza (como uma partícula de pó) ou nas superfícies rugosas do recipiente de reação. Noutra abordagem, a nucleação não requer uma localização específica e um grande número de núcleos primários nasce simultaneamente devido a alterações físicas extremas (por exemplo, alterações de temperatura). Este processo é designado por nucleação homogénea. A nucleação heterogénea é um processo mais provável porque requer menos energia em comparação com a abordagem homogénea. Normalmente, a precipitação a partir de uma solução ocorre em condições de elevada super-saturação. Por outras palavras, pode dizer-se que a fase líquida está saturada com o produto pouco solúvel devido ao progresso de uma reação específica. A partir deste momento, o produto criado a partir da fase de solução entra diretamente (precipita) na fase sólida.

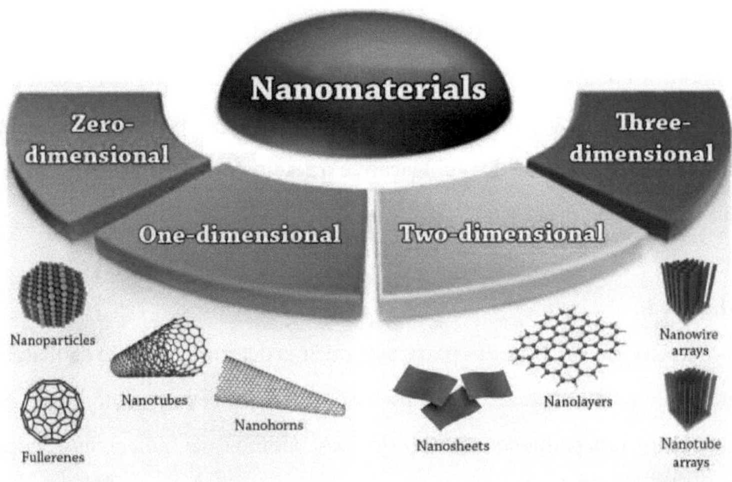

Figura 17. Classificação, propriedades físico-químicas, caraterização e aplicações das nanopartículas

Crescimento

O processo de crescimento é mais complicado do que a nucleação. O processo de crescimento ocorre através da adição de unidades estruturais cristalinas umas às outras (por vezes, componentes estruturais de polímeros, etc.) e da sua colocação no sítio certo com a orientação correcta. Uma vez que, em muitos casos, o crescimento do cristal ocorre rapidamente, as orientações não são feitas corretamente e o cristal apresenta defeitos, tais como defeitos de deslocamento. Por vezes, o crescimento ocorre apenas numa direção do cristal, pelo que o produto final apresenta características únicas em diferentes direcções. O crescimento pode ser limitado por processos de transferência de massa ou pela cinética de reação relevante (os processos de transferência de massa têm uma contribuição mais significativa para o total).

Em muitos casos, o processo de crescimento é limitado pelo fenómeno de penetração. Neste caso, a super-saturação nas extremidades do cristal é maior do que nas suas faces. O mesmo problema leva à nucleação de cristais a partir dos cantos e impede a criação de uma estrutura poliédrica regular. No estado avançado, este processo leva à formação de cristais em forma de árvore.

Aplicação de Ostwald

Mesmo com controlo total sobre as fases de nucleação e crescimento, o tamanho das partículas pode ainda sofrer alterações. Quando a solução coloidal permanece durante algum tempo, as partículas mais pequenas são gradualmente removidas e as partículas restantes tornam-se maiores. Este processo é conhecido como processamento de Ostwald. Basicamente, são as partículas mais pequenas que são sacrificadas para que as partículas maiores possam crescer numa quantidade limitada de matéria. A base do processo de digestão de sedimentos é o processo de tratamento de Ostwald. Nos casos em que são necessários cristais de grandes dimensões (ao contrário da abordagem sintética dos nanomateriais), os precipitados coloidais são colocados na presença de solvente e calor durante várias horas.

Na figura abaixo, é apresentado um esboço da reação de Ostwald: A reação de Ostwald baseia-se basicamente na tendência inerente das partículas dissolvidas para formar uma estrutura estável (e com menos energia). Basicamente, quanto mais pequenas forem as partículas, maior será a proporção de átomos (ou moléculas de superfície) em relação à massa, o que significa mais energia para todas as partículas que compõem a solução. Como resultado, o processo de transformação de Ostwald, no qual as partículas geralmente aumentam de tamanho, remove algumas partículas com tamanhos menores e aumenta o tamanho das partículas restantes. Este fenómeno não só provoca um desvio no tamanho esperado das partículas do produto, como também pode alterar a gama de distribuição do tamanho das partículas. Em casos avançados, os produtos apresentam mesmo duas gamas distintas de partículas de tamanho fino e grosseiro.

Controlo prático do tamanho das partículas

Controlo das variáveis de síntese

Durante a fase de nucleação, nascem quase todas as partículas do produto. É nesta fase que se produz um grande número de partículas muito pequenas. O controlo da fase de crescimento permite criar partículas de tamanho homogéneo. O controlo do processo de nucleação desempenha um papel essencial no produto final. Além disso, processos secundários como a aglomeração e o processamento de Ostwald também estão envolvidos no tamanho do produto final. Uma vez que os processos complexos de nucleação, crescimento e aglomeração ocorrem quase simultaneamente, é necessário um grande controlo para preparar partículas monodispersas.

A fim de controlar a qualidade do produto sintético, em muitos casos, tenta-se terminar completamente o processo de nucleação antes do processo de crescimento. Neste caso, podemos esperar obter partículas com o mesmo tamanho. Se estes processos interferirem uns com os outros, o tamanho das partículas terá uma grande amplitude. Por exemplo, dependendo do tipo de síntese concebida, são aplicadas condições severas no início para que, devido à elevada super saturação, a nucleação seja concluída num curto espaço de tempo. Na etapa seguinte, são aplicadas condições mais suaves. Nestas condições, a nucleação não ocorre em grande parte, mas o processo de crescimento é um fenómeno de molde. Os núcleos criados na fase inicial podem crescer de forma homogénea e, como resultado, são preparadas partículas com tamanhos mais ou menos semelhantes.

Tal como referido na explicação do mecanismo das reacções de precipitação, a super-saturação desempenha um papel importante no início e no progresso deste processo, bem como na qualidade do produto final. Na síntese de nanomateriais, é desejável obter partículas nano-coloidais muito finas a partir da reação de precipitação.

Basicamente, qualquer fator que aumente a super saturação na solução contribuiu para a finura do produto final (sem considerar processos secundários como o processamento e a aglomeração). Foi provado experimentalmente que factores como a solubilidade do sedimento, a temperatura, a concentração dos reagentes, a intensidade da mistura da solução e a mistura dos reagentes, bem como a presença de agentes complexantes e estabilizantes podem ser eficazes na determinação do tamanho final das partículas. Quando o produto é inerentemente um composto insolúvel em água (com KSP muito baixo), a super saturação é também praticamente elevada.

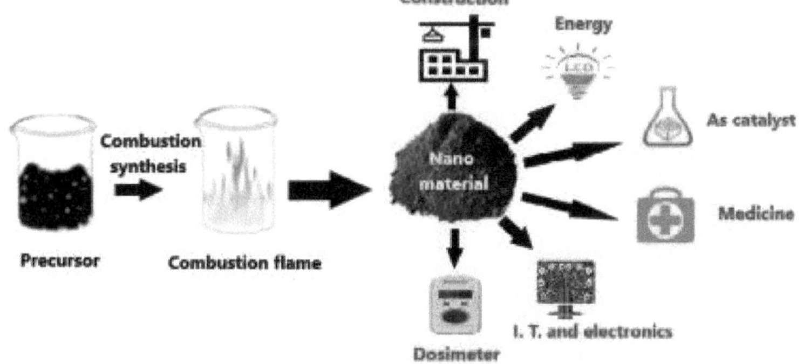

Figura 18. Perspetiva do método de combustão para a preparação de nanomateriais

Por outro lado, para os compostos que são parcialmente solúveis em meio aquoso, é necessário um controlo especial das condições para obter um produto com a qualidade desejada. Por exemplo, por vezes a solubilidade do produto pode ser alterada através do controlo do PH e da temperatura, pelo que parece necessário otimizar estes valores no processo de síntese. Em valores de PH ou temperatura onde a solubilidade é menor, a super saturação é maior e obtêm-se partículas mais pequenas. Por outro lado, a aplicação de temperaturas mais elevadas acelera a reação de formação de sedimentos e fornece cristais mais finos ao aumentar a super saturação. Quando o processo de nucleação é preferido ao crescimento, é produzido um grande número de pequenos núcleos e, nas condições em que o crescimento é um fenómeno modelo, é preparado um pequeno número de partículas grosseiras. A taxa de nucleação varia fortemente com a super saturação relativa, enquanto o processo de crescimento aumenta apenas ligeiramente com o aumento da super saturação relativa.

Estabilização da superfície de nanopartículas

Devido à sua elevada energia de superfície, as nanopartículas tendem a aderir e a aglomerar-se. Por outro lado, na nanotecnologia, precisamos de soluções coloidais estáveis, bem como de nanopós separados da solução. Em geral, foram apresentadas duas abordagens para estabilizar a superfície das nanopartículas e, consequentemente, evitar o fenómeno de aglomeração. A primeira abordagem consiste em criar uma repulsão entre as nanopartículas. Com base nisto, as partículas na solução permanecem separadas umas das outras e não ocorre a aglomeração.

Para atingir este objetivo, são utilizados compostos químicos, tais como tensioactivos, polímeros ou outros compostos orgânicos, no ambiente de formação das nanopartículas. Estes compostos são normalmente conhecidos como agentes mascarantes.

Nanopartículas

Mesmo na ausência de qualquer agente estabilizador, uma camada de iões envolve as partículas coloidais. Uma vez que esta camada é constituída por duas partes, a camada de iões primários e a camada de contra-iões, é designada por camada dupla. A camada de iões primários e a camada de contra-iões têm uma carga não homogénea, e a camada dupla é geralmente neutra. Devido à repulsão eletrostática, a dupla camada impede que as partículas se aproximem umas das outras, evitando assim a aglomeração. Consequentemente, pode dizer-se que o espessamento desta camada desempenha um papel importante na prevenção da união das nanopartículas entre si e da aglomeração. No modo foto, a diminuição da espessura da dupla camada aumenta a possibilidade de aglomeração.

A dupla camada é espessa numa solução de baixa força iónica. A força iónica é uma quantidade em química analítica que depende do número de iões livres numa solução. Numa solução com elevada força iónica, a concentração de iões livres é elevada, o que faz com que a dupla camada seja comprimida e menos espessa. Inversamente, com uma força iónica baixa, a dupla camada é menos densa e torna-se mais espessa (a possibilidade de colisão e aglomeração de partículas coloidais diminui). Uma camada dupla espessa é normalmente obtida com pH neutro. Neste caso, existem poucos iões H^+ ou OH^- na solução e, por conseguinte, a força iónica da solução é baixa. Além disso, quando a proporção de adição de precursores é bem ajustada no processo de síntese, não há excesso de iões reagentes na solução e a força iónica é baixa. Mesmo neste caso, no entanto, ainda existem muitos contra-iões na solução que podem (se possível) ser largamente removidos por lavagem do sedimento.

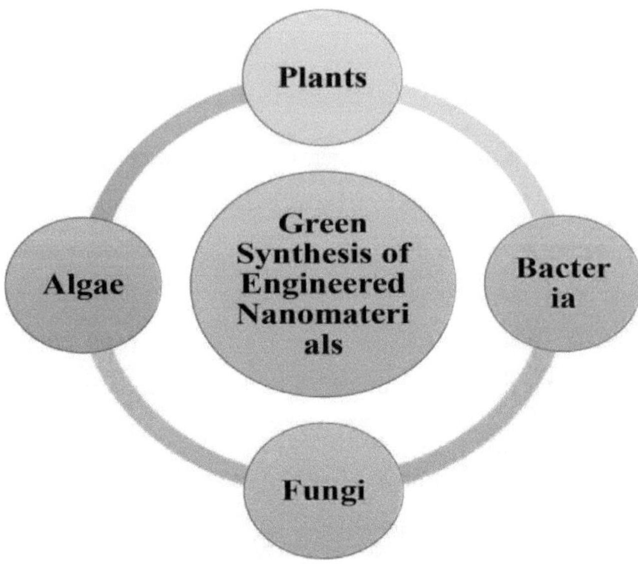

Figura 19. Progressos recentes na síntese e aplicações biomediadas de nanomateriais artificiais

Processos térmicos secundários

Muitos dos compostos criados por métodos de co-precipitação, especialmente a baixas temperaturas, têm um estado amorfo. Por conseguinte, para obter produtos com uma estrutura cristalina adequada, é necessário efetuar processos térmicos secundários, como a calcinação ou o recozimento. Além disso, para obter estruturas de óxido, normalmente o sedimento obtido nas fases iniciais é sujeito a degradação térmica. Estes processos térmicos secundários podem conduzir à aglomeração e a um controlo reduzido da dimensão das partículas do produto. Processos como os processos hidrotérmicos e sol-térmicos, que não têm etapas de processamento secundário, são, portanto, preferíveis a outros métodos.

A dimensão e a forma dos produtos do processo de co-precipitação podem ser previstas através do controlo de diversas variáveis. Embora as condições sejam muito variáveis, dependendo do sistema de síntese e da natureza do produto, alguns princípios foram enunciados como um mecanismo geral. As fases de nucleação e crescimento são os principais passos da síntese sedimentar. A super saturação é o principal fator nestes processos. Além disso, processos secundários como o tratamento de Ostwald, o recozimento e a calcinação podem levar à aglomeração e ao crescimento indesejado do tamanho das partículas. O controlo exato das variáveis de síntese, bem como a utilização de agentes estabilizadores, podem aumentar a qualidade do produto final.

Estratégias de síntese para nanopartículas específicas: Estudos de caso sobre a criação de nanopartículas com as propriedades desejadas.

Os métodos de síntese de nanomateriais são geralmente divididos em duas categorias. O método descendente e o método ascendente. No método descendente, obtemos componentes nanométricos a partir do volume e, no método ascendente, os nanomateriais são formados através da ligação dos átomos constituintes. A seguir, estes métodos foram objeto de uma investigação aprofundada.

O método de descarga por arco

O método de descarga por arco elétrico é um dos métodos práticos para a produção de nanoestruturas. Este método permite a produção de materiais à base de carbono, tais como fulerenos, nanotubos de carbono e grafeno multicamadas. No método de descarga por arco elétrico, diferentes nanomateriais à base de carbono são recolhidos de diferentes posições, porque os seus mecanismos de crescimento são diferentes. O método de descarga por arco elétrico é muito importante para a produção de nanomateriais de fulereno. No processo de formação, duas hastes de grafite são colocadas numa câmara onde é mantida uma certa pressão de hélio. O enchimento da câmara com hélio puro é importante porque a presença de humidade ou oxigénio impede a formação de fulerenos. A evaporação da vareta de carbono é efectuada por descarga de arco entre as extremidades das varetas de grafite.

Síntese de ablação por laser

A ablação por laser é outro método de síntese de nanomateriais. No método de ablação por laser, os diferentes métodos de síntese de nanomateriais são geralmente divididos em duas categorias. O método descendente e o método ascendente. No método descendente, é efectuado a partir da massa volumosa utilizando um potente feixe de laser que atinge o material alvo. Durante o processo de ablação por laser, o material principal ou o material precursor evapora-se devido à elevada energia da radiação laser e, como resultado, formam-se nanopartículas. A utilização da ablação por laser para produzir nanopartículas de metais nobres pode ser considerada um método ecológico, uma vez que não são necessários agentes estabilizadores ou outros produtos químicos. Nanomateriais, compósitos de óxidos e cerâmicas. A ablação por laser pulsado em líquidos é uma abordagem interessante para produzir soluções de nanopartículas coloidais monodispersas sem a utilização de tensioactivos ou ligandos. As propriedades das nanopartículas, como o tamanho e a distribuição média das partículas, podem ser ajustadas através da regulação da corrente e do comprimento de onda.

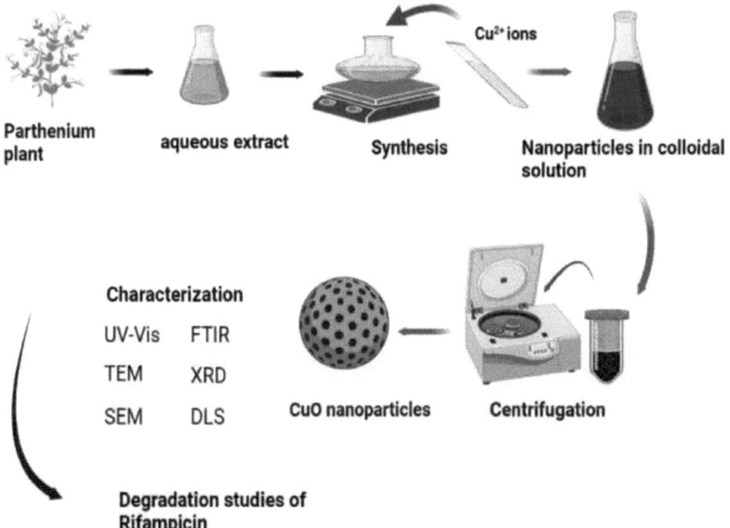

Figura 20. Síntese verde de nanopartículas de óxido de cobre e sua eficiência na degradação do antibiótico rifampicina

Capítulo III

Aplicações das nanopartículas

Medicina e cuidados de saúde: Administração de medicamentos, técnicas de diagnóstico, materiais antibacterianos.

A nanomedicina está a revolucionar a inovação nos cuidados de saúde. A propagação do coronavírus ocorreu em simultâneo com o aumento do investimento em empresas activas no domínio da nanomedicina. O relatório indica também um aumento significativo do apoio ao investimento governamental e do financiamento para o desenvolvimento de nano-terapêuticas para vacinas, diagnóstico por imagem, medicina regenerativa e administração de medicamentos pós-coronavírus. Além disso, a nanomedicina oferece muitos benefícios ao sector da saúde, que é afetado pela pandemia e pelos efeitos a longo prazo da Covid-19 nas doenças cardiovasculares, respiratórias, neurológicas e imunitárias. Estas declarações estão em consonância com a previsão da plataforma de monitorização de investimentos Pitch book, que afirmou que o investimento em tecnologia da saúde em geral atingirá 10 biliões de dólares até 2022 e que o investimento em nanomedicina cresceu 250% nos últimos 5 anos.

O volume de transacções de nanoempresas do sector da saúde também duplicou desde 2019, passando de 1 milhão de libras para 2 milhões de libras nos últimos 12 meses, enquanto 2020 registou o maior número de transacções de sempre e pela primeira vez. Ultrapassou as 100 transacções num ano. Agora, o investimento está alimentando a inovação à medida que pesquisadores e cientistas da nanotecnologia trabalham para melhorar dispositivos biomédicos, como próteses, fornecer novos tratamentos contra o câncer e desenvolver terapias ósseas, junto com mais inovações que podem transformar a saúde global. Os investigadores no domínio da nanotecnologia descobriram nanotubos que impedem a entrada da Covid-19 e de outros coronavírus e, utilizando estes nanotubos, foram concebidas máscaras que são simultaneamente mais baratas e mais eficazes. A rápida resposta global à epidemia também foi possível graças à nanotecnologia, uma vez que esta é utilizada na produção de vacinas da Pfizer e da AstraZeneca e de testes de diagnóstico do coronavírus de 30 minutos. Paul Stannard, fundador da Global Nano Foundation, afirmou que, embora a Covid-19 tenha evidenciado as fragilidades dos sistemas de saúde nos países desenvolvidos, a pandemia mostrou que são necessárias soluções inovadoras e de longo prazo para impulsionar a mudança e prevenir futuras pandemias. Uma vez que a nanomedicina tem um papel proeminente nestes desenvolvimentos, as organizações e empresas activas no domínio dos cuidados de saúde estão a procurar utilizar a nanomedicina. Estes centros foram afectados pelo aumento dos investimentos e pelo reconhecimento da nanotecnologia, e a prioridade desta tecnologia não deve ser deixada de fora da agenda.

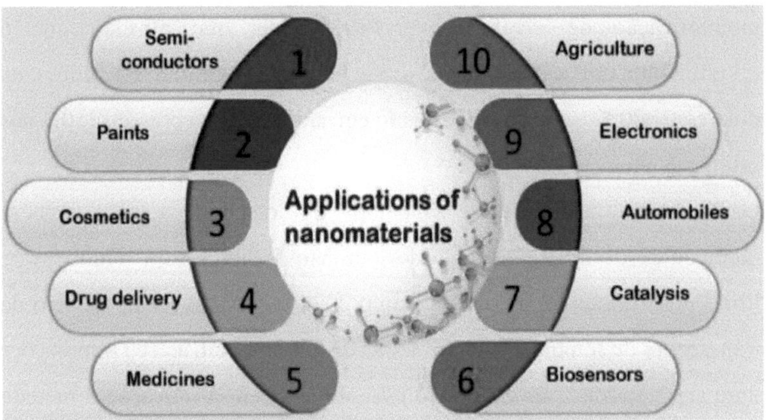

Figura 21. Aplicações dos nanomateriais em diferentes domínios

A ideia de tecnologia de engenharia molecular ou nanotecnologia foi proposta pela primeira vez por Richard Feyman em 1959. A nanotecnologia é, na verdade, a tecnologia de implementação da estrutura molecular desejada com precisão atómica. Em primeiro lugar, examinamos o potencial existente nos Institutos Nacionais de Saúde e na Fundação para a Ciência em 2000 e 2001, tendo em conta os fundos afectados nos Estados Unidos, o país líder em nanotecnologia no domínio dos cuidados de saúde, da medicina e do ambiente. A análise dos materiais biológicos (intermediários entre o tecido vivo e a matéria inanimada e materiais compatíveis com o ambiente), dos dispositivos (sensores ambientais e instrumentos de investigação) e da terapêutica (sistema de entrega de fármacos e genes ao organismo) são alguns dos aspectos abordados.

Os blocos de construção moleculares da vida (lípidos, proteínas, ácidos nucleicos, hidratos de carbono e seus substitutos não biológicos) contam-se entre os materiais que possuem propriedades únicas devido às suas dimensões, repetibilidade e nanoescala. Se forem utilizados nanossuperfícies e dispositivos, incluindo lasers de infravermelhos na gama de frequências de 1000 nm e laser de gás hélio-neon He-Ne com um comprimento de onda de 632,8 nm, com uma potência de vários mili watts, os processos actuais e exaustivos podem ser A sequenciação do genoma e a descodificação dos genes revolucionaram grandemente e aumentaram a sua eficiência. O aumento da nossa capacidade de identificar o quadro genético das pessoas trará uma mudança revolucionária no diagnóstico e tratamento médicos. Para além de facilitar a utilização optimizada de medicamentos e formulações, a nanotecnologia inventa novas formas de administrar os fármacos no organismo, o que, por sua vez, alarga consideravelmente o potencial terapêutico dos medicamentos.

Administração de medicamentos

Os sistemas de administração de fármacos à escala nanométrica oferecem a possibilidade de uma administração precisa e direccionada de fármacos.

As nanopartículas, os lipossomas e outros nanotransportadores podem encapsular fármacos e administrá-los a células ou tecidos específicos. Por exemplo, a administração de medicamentos de quimioterapia a células cancerosas ou a travessia da barreira hemato-encefálica para tratar perturbações neurológicas.

Diagnóstico e tratamento do cancro

A nanotecnologia desempenha um papel importante no diagnóstico e tratamento do cancro. As nanopartículas podem ser concebidas para se ligarem seletivamente a células cancerosas ou a marcadores tumorais, permitindo a deteção precoce através de técnicas de imagiologia como a ressonância magnética, a tomografia computorizada ou a tomografia por emissão de positrões (PET). Além disso, podem ser utilizados tratamentos como a terapia foto-térmica e nanopartículas carregadas com medicamentos para atingir e destruir as células cancerígenas.

Imagiologia médica

As nanopartículas podem melhorar a resolução e a sensibilidade das tecnologias de imagiologia médica. As nanopartículas superparamagnéticas e as nanopartículas de ouro são utilizadas como agentes de imagiologia para melhorar a visibilidade de tecidos, órgãos ou biomarcadores específicos em exames de ressonância magnética, tomografia computorizada e ultra-sons.

Diagnóstico

Os sensores e ensaios à nanoescala são utilizados no diagnóstico para detetar várias doenças e biomarcadores. Oferecem uma grande sensibilidade e especificidade na deteção de doenças infecciosas, cancro e outros problemas de saúde; os exemplos incluem biossensores e testes de fluxo lateral.

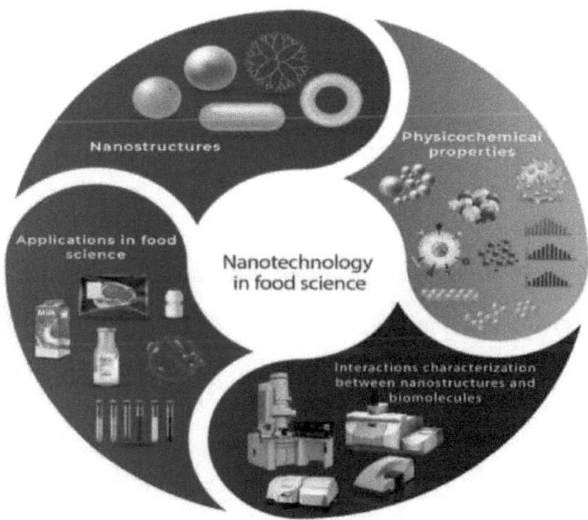

Figura 22. Ciências Aplicadas, Relação dos Nanomateriais

Vacinas

A nanotecnologia médica pode melhorar a eficácia das vacinas, aumentando a sua estabilidade e imunogenicidade. Os sistemas de administração de vacinas baseados em nanopartículas podem estimular uma resposta imunitária mais forte e permitir a administração de múltiplos antigénios numa única vacina, o que é especialmente importante na produção de vacinas contra doenças infecciosas.

Engenharia de tecidos e medicina regenerativa

A nanotecnologia é utilizada para criar biomateriais e suportes à escala nanométrica que imitam a matriz extracelular e promovem o crescimento celular e a regeneração dos tecidos. Este domínio é valioso para a reparação de tecidos e órgãos danificados e é muito promissor para o desenvolvimento de órgãos artificiais.

Dispositivos implantáveis

Os materiais e sensores à escala nanométrica estão integrados em dispositivos médicos implantáveis para monitorizar e regular vários parâmetros fisiológicos. Os exemplos incluem nanossensores para a monitorização da glucose na gestão da diabetes e stents medicados para cuidados cardiovasculares.

Terapia genética

As nanopartículas podem ser utilizadas para transportar material genético, como o ADN ou o ARN, para células ou tecidos específicos. Este método é essencial em abordagens de terapia genética para tratar doenças genéticas, cancro e outras doenças.

Revestimentos antibacterianos

A nanotecnologia médica pode ser utilizada para criar revestimentos antibacterianos e antimicrobianos para dispositivos médicos, como implantes, reduzindo o risco de infecções associadas a estes dispositivos.

Cicatrização de feridas

Os pensos e ligaduras baseados na nanotecnologia podem promover uma cicatrização mais rápida das feridas, fornecendo factores de crescimento ou agentes antimicrobianos ao local da ferida.

Tratamentos neurológicos

A utilização da nanotecnologia para a administração orientada de medicamentos e agentes terapêuticos está a ser investigada para o tratamento de doenças neurológicas, incluindo a doença de Alzheimer e a doença de Parkinson.

Tratamento das doenças dos olhos

A nanotecnologia é utilizada no desenvolvimento de sistemas de administração de medicamentos e de dispositivos intra-oculares para tratar doenças oculares como o glaucoma e a degenerescência macular relacionada com a idade.

Desvantagens da nanotecnologia médica

Embora a nanotecnologia médica tenha benefícios e aplicações promissoras, também acarreta algumas desvantagens e desafios: Alguns nanopartículas podem ter efeitos adversos na saúde humana e a sua segurança a longo prazo ainda está a ser investigada. Garantir a biocompatibilidade e a segurança dos materiais à escala nanométrica é um desafio crucial.

O quadro regulamentar para a nanotecnologia médica está a evoluir e pode não estar totalmente desenvolvido para abordar as características únicas e os riscos associados aos nanomateriais. Além disso, a utilização da nanotecnologia na medicina levanta questões éticas, especialmente no que respeita à privacidade, ao consentimento informado e ao potencial de abuso. O desenvolvimento e o fabrico de materiais e dispositivos à escala nanométrica podem ser dispendiosos, o que pode limitar a sua acessibilidade às populações ou aos sistemas de cuidados.

As interacções entre as nanopartículas e os sistemas biológicos ainda não são totalmente compreendidas; o comportamento dos nanomateriais no corpo humano, incluindo a sua distribuição, acumulação e efeitos a longo prazo, necessita de mais investigação. Em alguns casos, os agentes patogénicos ou as células podem mostrar resistência aos tratamentos baseados na nanotecnologia; além disso, o comportamento das nanopartículas no corpo pode ser imprevisível, o que torna difícil prever todos os resultados.

Vantagens da nanotecnologia médica

A nanotecnologia médica tem inúmeros benefícios que têm o potencial de revolucionar os cuidados de saúde e melhorar os resultados para os doentes. Alguns dos principais benefícios da nanotecnologia médica são:

Tratamento preciso e direcionado

A nanotecnologia médica permite o direcionamento e a administração precisos de medicamentos, terapias e agentes de diagnóstico a células, tecidos ou locais de doença específicos. Esta elevada precisão minimiza os danos nas células e tecidos saudáveis, reduz os efeitos secundários e melhora a eficácia do tratamento.

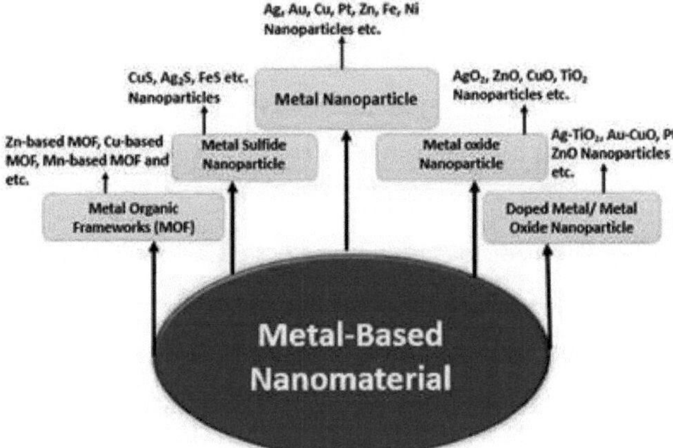

Figura 23. Fronteiras, avanços recentes em nanomateriais decorados com metais

Melhoria da administração de medicamentos

Os sistemas de administração de medicamentos à escala nanométrica podem melhorar o transporte de medicamentos e controlar a sua libertação, resultando num efeito terapêutico controlado e mais estável.

Isto é especialmente valioso no tratamento do cancro e na gestão de doenças crónicas.

Diagnóstico precoce da doença

As ferramentas de diagnóstico baseadas na nanotecnologia podem detetar doenças nas fases iniciais, quando o tratamento é mais eficaz. Os nanossensores e os agentes de imagiologia altamente sensíveis podem detetar biomarcadores e anomalias com maior precisão.

Imagiologia médica avançada

As nanopartículas aumentam a qualidade da imagiologia médica e fornecem imagens mais nítidas e pormenorizadas, o que ajuda a um diagnóstico e monitorização precisos das doenças.

Abandono dos métodos invasivos

Os dispositivos e métodos de tratamento à escala nanométrica podem ser melhores alternativas aos métodos tradicionais; por exemplo, as nanopartículas podem ser utilizadas para atingir tumores sem necessidade de cirurgia.

Medicina pessoal

A nanotecnologia médica pode otimizar os resultados do tratamento através do desenvolvimento de planos de tratamento personalizados, adaptados à composição genética e às características únicas da doença.

Programas de medicamentos combinados

A nanotecnologia permite a administração simultânea de vários medicamentos, possibilitando terapias combinadas que visam diferentes aspectos de uma doença, aumentando a eficácia do tratamento e reduzindo a resistência aos medicamentos.

Medicina regenerativa

Os andaimes e biomateriais à escala nanométrica permitem a regeneração de tecidos e o crescimento de órgãos funcionais, oferecendo soluções potenciais para doentes com falência de órgãos ou danos nos tecidos.

Meia-vida mais longa do medicamento

A nanotecnologia pode aumentar a meia-vida dos medicamentos no organismo, reduzir a frequência de administração e melhorar consideravelmente a qualidade do tratamento.

Tratamento de doenças ditas incuráveis

A nanotecnologia médica está a abrir a porta ao tratamento de doenças que anteriormente eram consideradas incuráveis ou difíceis de tratar, dando aos doentes com doenças como o cancro e as doenças neurodegenerativas esperança de recuperação.

Reduzir os custos dos cuidados de saúde

As terapias direccionadas e a deteção precoce de doenças podem reduzir eficazmente o custo global dos cuidados de saúde, impedindo a progressão da doença e reduzindo a necessidade de tratamentos dispendiosos.

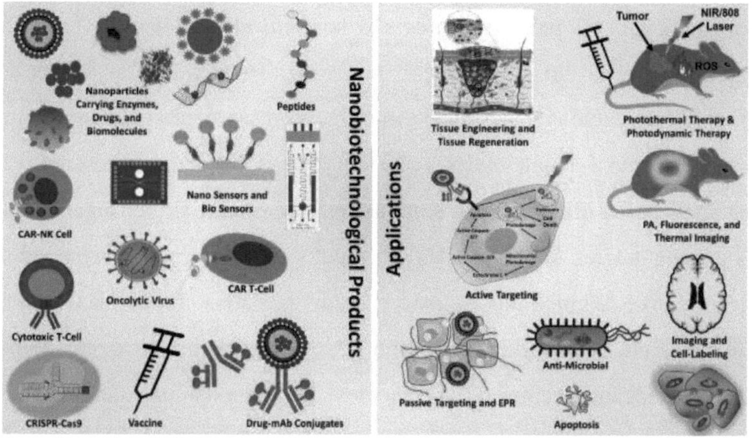

Figura 24. Aplicações terapêuticas da nanobiotecnologia

Energia: Células solares, células de combustível, baterias.

Conhecer a estrutura das células solares e o seu funcionamento

As células solares são feitas de silício, e estas placas de silício convertem diretamente a energia radiante do sol em energia eléctrica através do efeito fotovoltaico. Estas placas variam entre formas de silício amorfo (não cristalino), policristalino e cristalino (monocristalino). Ao contrário das pilhas ou das células de combustível, as células solares não utilizam reacções químicas nem necessitam de combustível para produzir energia eléctrica e, ao contrário dos geradores eléctricos, não têm partes móveis. As células solares podem ser dispostas em grandes grupos denominados matrizes. Estes conjuntos, constituídos por milhares de células individuais, podem funcionar como centrais eléctricas, convertendo a luz solar em energia eléctrica para distribuição a utilizadores industriais, comerciais e residenciais. As células solares em tamanhos muito mais pequenos, normalmente conhecidas como painéis solares ou simplesmente painéis solares, são instaladas pelos proprietários de casas nos seus telhados para substituir ou aumentar a sua fonte de energia convencional. Os painéis solares são também utilizados para fornecer energia eléctrica em muitos locais terrestres remotos onde as fontes de energia convencionais não estão disponíveis ou são demasiado caras para instalar. Como as células solares não têm partes móveis que necessitem de manutenção ou que forneçam combustível que precise de ser regenerado, as células solares são utilizadas em alguns produtos, como brinquedos electrónicos, calculadoras de mão e rádios portáteis. As células solares utilizadas em dispositivos deste tipo podem utilizar luz artificial (como lâmpadas incandescentes e fluorescentes), bem como a luz solar.

O futuro da energia solar

Embora a produção total de energia fotovoltaica seja pequena, é provável que aumente à medida que os recursos de combustíveis fósseis diminuem. De facto, os cálculos baseados no consumo mundial de energia previsto para 2030 mostram que as necessidades energéticas globais poderiam ser satisfeitas por painéis solares que funcionassem com uma eficiência de 20% e cobrissem apenas cerca de 496 805 quilómetros quadrados (191 817 milhas quadradas) da superfície da Terra. Os requisitos materiais serão elevados mas possíveis, uma vez que o silício é o segundo elemento mais abundante na crosta terrestre. Estes factores levaram os defensores da energia solar a imaginar uma futura "economia solar" em que praticamente todas as necessidades energéticas da humanidade serão satisfeitas por luz solar barata, limpa e renovável.

Estrutura e funcionamento das células solares

As células solares têm frequentemente a mesma estrutura básica. A luz entra no dispositivo através de um revestimento ótico ou camada antirreflexo que minimiza a perda de luz por reflexão. Esta camada retém efetivamente a luz que incide sobre a célula solar, melhorando a sua transmissão para as camadas de conversão de energia que se encontram por baixo. A camada antirreflexo é normalmente um óxido de silício, tântalo ou titânio, que é formado na superfície da célula por revestimento por rotação ou deposição em vácuo. As três camadas de conversão de energia sob a camada antirreflexo são: A camada de ligação superior, a camada absorvente que forma o núcleo do dispositivo e a camada de ligação posterior.

São necessárias duas camadas adicionais de contacto elétrico para transferir a corrente eléctrica para uma carga externa e de volta para a célula. Assim, fica completo um circuito elétrico. A camada de contacto elétrico na superfície da célula, por onde entra a luz, tem geralmente a forma de uma grelha e é feita de um bom condutor, como o metal. Uma vez que os blocos de metal bloqueiam a luz, as linhas da grelha são tão finas e espaçadas quanto possível, sem interferir com a recolha da corrente gerada pela célula.

A camada de contacto elétrico posterior não tem limitações tão opostas. Tem simplesmente de atuar como um contacto elétrico, cobrindo assim toda a superfície posterior da estrutura celular. Uma vez que a camada posterior também tem de ser um condutor elétrico muito bom, é sempre feita de metal. Uma vez que a maior parte da energia da luz solar e da luz artificial se encontra na gama visível da radiação electromagnética, um absorvedor de células solares deve ser eficiente na absorção da radiação nesses comprimentos de onda. Os materiais que absorvem fortemente a radiação visível pertencem a uma classe de materiais denominada semicondutores.

Os semicondutores com espessuras de cerca de um centésimo de centímetro ou menos podem absorver toda a luz visível incidente. Uma vez que a junção e as camadas de contacto são muito mais finas, a espessura da célula solar é essencialmente a espessura do absorvente.

Exemplos de materiais semicondutores utilizados em células solares são o silício, o arsenieto de gálio, o fosforeto de índio e o seleneto de cobre e índio. Atualmente, a humanidade enfrenta duas grandes crises que estão mais relacionadas entre si do que parece reconhecer-se. Por um lado, as sociedades industriais e as grandes cidades estão a enfrentar o problema da poluição ambiental e, por outro lado, verifica-se que as matérias-primas e o combustível necessários a estas máquinas estão a esgotar-se a uma velocidade cada vez maior.

A produção de eletricidade por ciclos combinados (utilização de combustível fóssil e energia solar) está também a passar pelas fases de estudos de viabilidade. Quase 80% da eletricidade solar é produzida por centrais térmico-solares e 20% do restante é produzido por centrais fotovoltaicas. É possível produzir eletricidade a partir de alguns watts até ao tamanho de uma central eléctrica normal através de tecnologias de energia solar. O avanço das tecnologias de energia solar em resultado das actividades de investigação permitirá à energia solar competir com outros métodos de produção de energia. A produção e o consumo de eletricidade solar desempenharão um papel significativo na redução das emissões de dióxido de carbono. Este artigo é apresentado em duas partes. Em cada secção, serão discutidos e analisados três métodos de produção de eletricidade solar e a comparação técnica e económica dos diferentes métodos, e será introduzido o software SOLELE, que é uma ferramenta para a tomada de decisões e o cálculo económico.

Perspetiva científica e remediação de águas subterrâneas contaminadas com arsénico

Estão em curso grandes esforços científicos para limpar as águas subterrâneas do arsénico. A contaminação das águas subterrâneas e da água potável por arsénico e metais pesados desafia atualmente uma vasta gama de conhecimentos científicos. A descontaminação das águas subterrâneas contaminadas é da máxima prioridade, porque milhares de milhões de pessoas em todo o mundo dependem das águas subterrâneas para serem utilizadas como água potável. "Mctais pesados" é um termo geral que se refere a um grupo de metais com uma densidade superior a 4000 kg/m^3 ou cinco vezes a da água. As tecnologias de limpeza das águas subterrâneas incluem o tratamento químico, o tratamento da água no local utilizando regenerados, a recuperação utilizando ditionite, a redução utilizando tecnologias à base de ferro, a lavagem do solo no local, a lavagem de quelatos no local e a lavagem química no local.

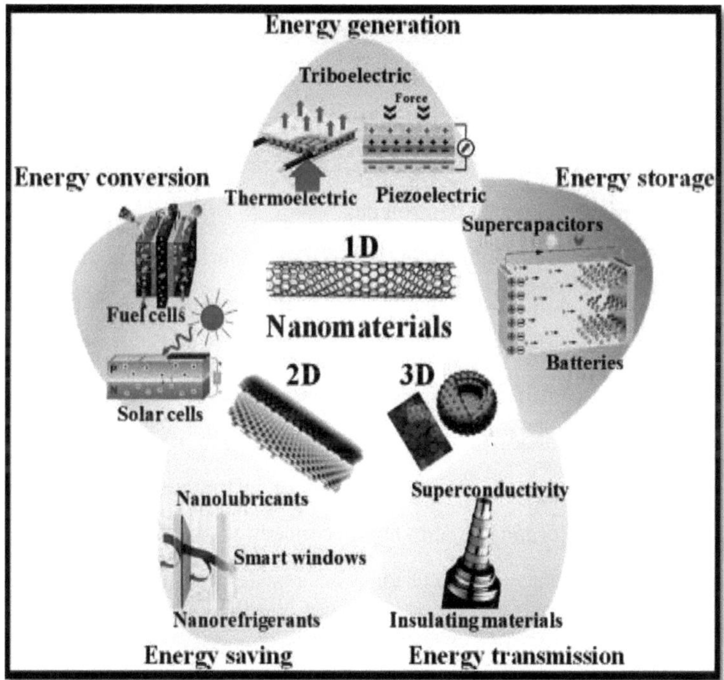

Figura 25. O estado da arte dos nanomateriais e as suas aplicações na poupança de energia

Esforços científicos recentes no domínio dos processos de oxidação avançados (POA).

Os processos de oxidação avançados estão atualmente a passar por uma nova reconstrução científica. A purificação da água potável e das águas residuais industriais está a ser alvo de grandes desafios científicos e de obstáculos científicos complexos. Os cientistas investigaram o tratamento de águas residuais com processos de oxidação avançados. Os processos de oxidação avançados são muito promissores para fornecer tecnologia alternativa para uma melhor proteção ambiental. As águas residuais têxteis contêm uma vasta gama de produtos químicos que, não só como resíduos líquidos, mas também na sua composição química, criam um desafio ambiental na indústria têxtil. Ao escolher um método eficaz para a limpeza destes poluentes, devem ser considerados vários pontos, incluindo

- Estudar a eficiência de diferentes processos candidatos em diferentes condições controladas,
- Identificar os produtos intermédios e secundários e a sua toxicidade,
- Estudar o efeito dos reagentes utilizados em processos de oxidação avançados (POA) e
- Identificação dos parâmetros de aumento de escala e dos critérios de rentabilidade. Os processos de oxidação convencionais são muito difíceis de oxidar corantes e estruturas complexas de compostos orgânicos em baixa concentração ou se estes forem particularmente refractários e resistentes a determinados compostos.

Para resolver este problema, foram desenvolvidos AOPs para produzir radicais hidroxilo através de diferentes técnicas. Os POA (uma combinação de ozono, peróxido de hidrogénio e radiação ultravioleta) mostraram ser os mais promissores para a degradação dos efluentes da indústria têxtil. A composição das águas residuais da indústria têxtil é determinada através da medição da necessidade química de oxigénio, dos sólidos em suspensão e dos sólidos dissolvidos. Os radicais livres de hidroxilo são utilizados como um oxidante forte para destruir compostos que não são oxidados por oxidantes convencionais, o que indica a grande importância dos POA. Os cientistas investigaram em profundidade vários POA e processos combinados e forneceram uma imagem clara dos processos de oxidação comuns e não convencionais.

Nos últimos tempos, devido à presença crescente de moléculas inorgânicas e orgânicas resistentes aos microrganismos nos fluxos de águas residuais, os métodos biológicos convencionais são desnecessários. Por conseguinte, foram introduzidas novas tecnologias para decompor estas moléculas refractárias em moléculas mais pequenas.

A oxidação adicional por métodos biológicos tornou-se muito importante. Num estudo, foram investigados cinco processos de oxidação diferentes que funcionam em condições ambientais, incluindo a oxidação catalítica, a oxidação fotocatalítica, a química de Fenton, a utilização de areno e a utilização de peróxido de hidrogénio. Os autores discutem as condições óptimas de funcionamento e os aspectos da conceção do reator, com uma revisão exaustiva das várias aplicações no tratamento de águas residuais e na gestão integrada de águas residuais nos últimos anos.

Os POA são definidos como processos que produzem radicais hidroxilo em grandes quantidades, capazes de oxidar a maior parte dos produtos químicos complexos presentes nas águas residuais industriais. Estes processos têm sido aplicados com sucesso para remover e degradar poluentes tóxicos em águas residuais industriais. Estes processos têm sido investigados para a remoção de vários tipos de poluentes tóxicos das águas residuais, incluindo compostos aromáticos, corantes, compostos farmacêuticos e pesticidas, com ênfase nos parâmetros avaliados, na eficácia da remoção e no complexo mecanismo de degradação dos poluentes. A ciência dos AOPs tem-se desenvolvido a um ritmo acelerado nos últimos anos. Atualmente, seis tipos de AOP, ou seja, radiação, fotólise e fotocatálise, sonólise, oxidação eletroquímica, reacções baseadas em Fenton e processos baseados no ozono, têm recebido muita atenção no tratamento de águas residuais. Os resíduos orgânicos perigosos provenientes de operações industriais, militares e comerciais constituem um dos maiores desafios para os engenheiros ambientais.

Por conseguinte, os POA são alternativas adequadas à incineração de resíduos. A incineração comum deve ser abandonada progressivamente devido às suas muitas desvantagens ambientais. A queima liberta compostos tóxicos como as dibenzodioxinas policloradas e os furanos para o ambiente através da libertação de gases e de cinzas volantes.

Investigação recente em ciência das membranas

A ciência das membranas e os novos processos de separação são o principal desafio da ciência atual. Os actuais esforços de investigação no domínio da ciência das membranas enfrentam grandes desafios científicos. As iniciativas de investigação e desenvolvimento sobre membranas de dessalinização da água do mar estão a progredir a um ritmo acelerado, tendo sido demonstrados ganhos significativos no desempenho das membranas.

A primeira descoberta histórica e significativa da membrana de osmose inversa assimétrica Loeb-Sourirajan permitiu a dessalinização da água do mar em grande escala. O fluxo das membranas comerciais atualmente disponíveis é uma ordem de grandeza superior ao das membranas de osmose inversa dos anos 60, com uma remoção de sal até 99,8%. Além disso, o desenvolvimento de membranas que possam remover em grande medida o boro, o arsénio e os compostos orgânicos de baixo peso molecular é a perspetiva dos projectos de investigação. Foi relatado que 96,5% da água do mundo está nos mares e oceanos e 1,7% está nas calotas polares, e apenas 0,8% é água doce e o resto é água salgada.

Por conseguinte, é necessário obter membranas que possam suportar pressões extremas para a dessalinização da água do mar. A falta de água a nível mundial e a interminável questão das alterações climáticas globais são atualmente grandes problemas para a comunidade científica. Mais de mil milhões de pessoas não dispõem de água potável e cerca de 2,3 mil milhões de pessoas vivem em zonas com escassez de água em todo o mundo. A tecnologia e a engenharia actuais têm poucas respostas para a crescente preocupação com as águas subterrâneas contaminadas com arsénico. Wenten discutiu os processos de membranas no que diz respeito à indústria de membranas e ao potencial de mercado, e descreveu membranas emergentes, tais como membranas de osmose inversa de alto desempenho, membranas líquidas suportadas, membranas inorgânicas, membranas compostas de fibras ocas, contactores de membranas e reactores de membranas. A filtração é definida como a separação de dois ou mais componentes de um fluxo de fluido, como a separação de partículas sólidas imiscíveis de fluxos de líquido e gás.

O principal papel da membrana é atuar como uma barreira selectiva e a membrana actua como uma barreira contra o movimento de partículas sólidas. As membranas podem ser classificadas com base na natureza da membrana, na estrutura da membrana, na aplicação da membrana e no mecanismo da membrana.

Nanotecnologia no tratamento de águas subterrâneas

A nanoengenharia e a nanotecnologia no tratamento de águas subterrâneas são os principais domínios da investigação científica atual. A nanotecnologia é um domínio multidisciplinar da ciência da engenharia que se tornou muito importante nos últimos anos. As nanopartículas representam uma área-chave e prometem muitos benefícios através de aplicações nano em vários sectores e vastos campos.

Rajan discutiu a utilização de nanomateriais, como o ferro de valência zero e os nanotubos de carbono, em programas de limpeza ambiental, como o tratamento de águas subterrâneas, a reutilização de água e a dessalinização. Atualmente, existem grandes preocupações quanto às questões relacionadas com a utilização de nanomateriais no que respeita ao ambiente e à saúde humana. Uma necessidade científica importante é a necessidade de elucidar a relação entre as propriedades das nanopartículas e fornecer uma estratégia eficaz para combater os seus efeitos nocivos.

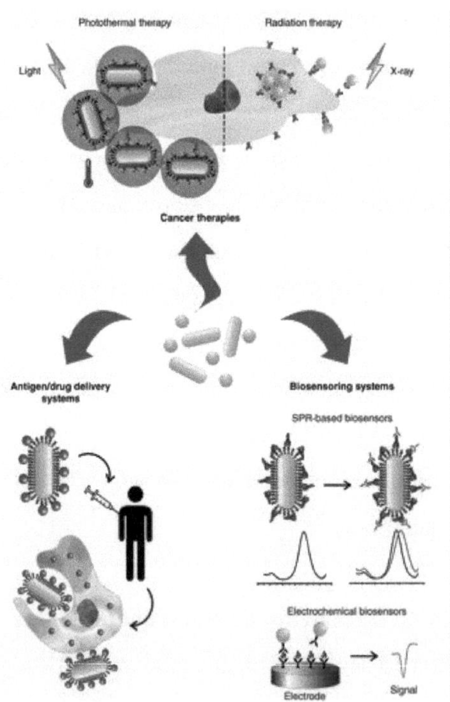

Figura 26. Nanopartículas de ouro e suas aplicações em biomedicina

A nanocorrecção tem um grande potencial na limpeza de grandes áreas contaminadas no local de implementação, reduzindo consideravelmente o tempo de limpeza e a concentração de poluentes para zero. Milhões de pessoas em todo o mundo dependem das águas subterrâneas, que são a principal fonte de água potável urbana e rural, o que realça a importância da gestão integrada dos recursos hídricos e das inovações na remediação ambiental. Devido à urbanização e à industrialização, esta fonte de água potável está poluída. Foram investigadas técnicas de tratamento de água in-situ, técnicas de nano-tratamento, técnicas de extração de vapor do solo in-situ, técnicas de tratamento químico in-situ, técnicas de barreira reactiva permeável e técnicas de tratamento biológico.

As aplicações ambientais da nanotecnologia tratam do desenvolvimento de soluções para os problemas ambientais actuais e de medidas preventivas para lidar com problemas futuros. Os pormenores da classificação das nanopartículas estudadas incluem as baseadas em dióxido de titânio, ferro bivalente, partículas catalíticas, argila, nanotubos de carbono, fulerenos, dendrímeros e nanopartículas magnéticas. Entre as muitas aplicações da nanotecnologia que têm implicações ambientais, a remediação de águas subterrâneas contaminadas utilizando nanopartículas contendo iões zero-valentes é um dos exemplos mais proeminentes de uma tecnologia rapidamente emergente com benefícios potencialmente abrangentes. Uma das principais aplicações da nanotecnologia é no sector da água. A utilização de membranas de nanotubos de carbono na dessalinização é uma inovação promissora no domínio da engenharia ambiental e da tecnologia da água.

A poluição atmosférica é outro vasto domínio em que a nanotecnologia tem aplicações proeminentes e importantes. As ferramentas de filtragem, semelhantes aos métodos de purificação da água, têm amplas aplicações na nanotecnologia. Por exemplo, os nanofiltros podem ser utilizados eficazmente nos tubos de escape dos automóveis e nas chaminés das fábricas para separar os poluentes e evitar que entrem na atmosfera. Além disso, nos últimos anos, a tecnologia de degradação por ultra-sons tem sido estudada em pormenor e amplamente utilizada no tratamento de poluentes ambientais. O relatório da Agência de Proteção Ambiental dos Estados Unidos considerou as tecnologias de tratamento no local de poluição para solos contaminados e discutiu uma vasta gama de métodos para o tratamento de solos contaminados. As tecnologias in situ descritas neste relatório envolvem a utilização de processos químicos, biológicos ou físicos na subsuperfície para degradar os contaminantes sem destruir o solo a granel. Em comparação com a perfuração e o tratamento fora do local, a utilização destas inovações tem várias vantagens, tais como a remoção da contaminação profunda e custos mais baixos. Além disso, as partículas de ferro em nanoescala têm uma grande área de superfície e uma elevada reatividade e oferecem uma grande flexibilidade nas aplicações de tratamento da poluição no local. As iniciativas de investigação científica devem ser reorganizadas em relação aos nanomateriais e às aplicações da nanotecnologia.

Desenvolvimentos recentes no domínio do tratamento da água potável

Atualmente, a purificação da água potável e a utilização da nanotecnologia são duas faces desta moeda. Os cientistas reiteram a preocupação crescente com a contaminação global da água potável com metais pesados. A purificação da água potável e o tratamento das águas residuais industriais é uma das necessidades essenciais da civilização humana. Cerca de 2,1 mil milhões de pessoas em todo o mundo não têm acesso a água potável, 6,2 mil milhões de pessoas têm pouco ou nenhum saneamento e milhões morrem todos os anos. Por exemplo, 3.900 crianças morrem todos os dias de doenças transmitidas por água contaminada ou dejectos humanos. A tecnologia e a engenharia não têm praticamente resposta para a poluição por arsénico e metais pesados em muitos países em desenvolvimento e desenvolvidos em todo o mundo.

Os agentes patogénicos transmitidos pela água têm um impacto devastador na saúde pública, especialmente nos países em desenvolvimento e mal servidos (África Subsariana e Sudeste Asiático). Os agentes infecciosos transmitidos pela água responsáveis por doenças graves incluem vermes, protozoários, fungos, bactérias e vírus. Por conseguinte, o controlo eficaz dos agentes patogénicos transmitidos pela água potável exige novas estratégias de desinfeção e inovações. A situação é semelhante nos países em desenvolvimento. As agências internacionais e as organizações não governamentais introduziram a utilização da luz solar para eliminar os agentes patogénicos. O desenvolvimento de alternativas ao cloro e à desinfeção por UV para controlar os vírus transmitidos pela água exige avanços significativos na compreensão da forma como os vírus são inactivados. As substâncias tóxicas que se encontram amplamente distribuídas na água, como o arsénio, os metais pesados, os compostos aromáticos halogenados, as nitrosaminas, os nitratos, os fosfatos, etc., são reconhecidamente muito prejudiciais para os seres humanos e para o ambiente.

Os problemas da deteção e medição precisas de compostos tóxicos na água e da remoção selectiva desses compostos estão relacionados entre si. O principal objetivo para o futuro da dessalinização é aumentar o abastecimento de água doce através da dessalinização da água do mar. 97,5% de toda a água na Terra é salgada. Através de avanços contínuos, especialmente na última década, as tecnologias de dessalinização podem agora ser efetivamente aplicadas para dessalinizar a água do mar e fornecer água doce aos seres humanos.

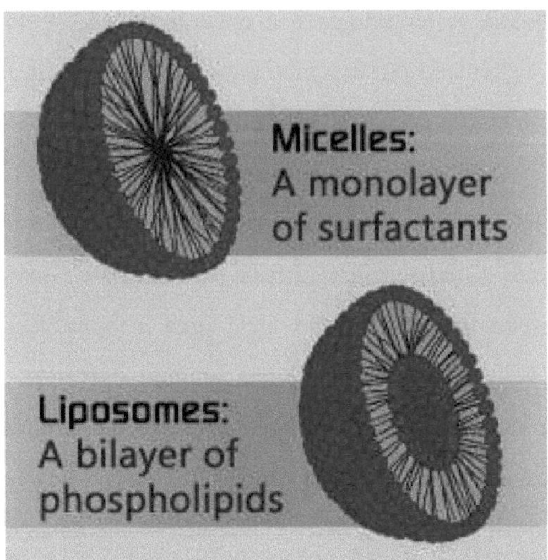

Figura 27. Aplicações biológicas das nanopartículas

Perspectivas de investigação futura

O futuro da engenharia ambiental e da engenharia química é vasto. As tendências futuras da investigação deverão ser no sentido de uma utilização mais científica no domínio das aplicações da nanotecnologia na reabilitação ambiental. Atualmente, os nanomateriais e os nanomateriais artificiais desempenham um papel importante no progresso científico da humanidade. A paisagem da sustentabilidade ambiental precisa de ser reorganizada e reexaminada. Do mesmo modo, a contaminação das águas subterrâneas com arsénio e metais pesados deve ser reduzida com uma base científica sólida. A nanotecnologia é utilizada em quase todos os diferentes domínios da ciência e da engenharia.

A nanofiltração e a ciência das membranas são necessárias nas iniciativas globais de investigação e desenvolvimento no domínio do tratamento da água. Por outro lado, a dessalinização irá alterar a situação da purificação da água. A investigação sobre dessalinização deve estar na vanguarda das iniciativas de I&D. Por outro lado, os processos de separação por membranas e a engenharia de processos químicos devem ser reorganizados com o progresso da ciência e da tecnologia.

Água e ambiente

De acordo com artigos de investigação e notícias, a maior parte da água dos poços nos Estados Unidos não é atualmente segura para beber devido à forte poluição industrial e ambiental. Chegámos a um ponto em que todas as nossas fontes de água potável, incluindo sistemas municipais de água, poços, lagos, rios e até glaciares, têm algum nível de contaminação. Os contaminantes vão desde os minerais que ocorrem naturalmente até aos produtos químicos e subprodutos produzidos pelo homem. Embora muitos poluentes se encontrem em níveis suficientes para causar desconforto imediato ou doença, foi demonstrado que mesmo a exposição a níveis baixos de poluentes comuns ao longo do tempo pode causar doenças graves, incluindo lesões no fígado, cancro e outras doenças graves. Mesmo os produtos químicos habitualmente utilizados para tratar as reservas municipais de água, como o cloro e o flúor, são tóxicos e têm efeitos adversos significativos no corpo humano.

Experiências em ambiente real

Embora os resultados desta investigação sejam muito promissores, é necessário realizar muito trabalho experimental e computacional para investigar o comportamento destes bits moleculares num ambiente real. A viabilidade depende do desempenho dos iões dipolares propostos, e podem surgir muitos problemas imprevistos com a implementação em grande escala de qualquer tecnologia. Drabold afirmou: Uma limitação prática da abordagem de investigação é o facto de estar limitada a moléculas computacionais. No entanto, os materiais reais serão tridimensionais e é provável que contenham efeitos de interação eléctrica

de longo alcance que são ocultados pelos cálculos moleculares. Por conseguinte, o próximo passo pode envolver uma análise mais pormenorizada do seu esquema computacional em materiais reais.
Drabold continuou: Como qualquer nova tecnologia, existem obstáculos à realização prática desta investigação. Que molécula deve ser utilizada? Que processo deve ser adotado para o desenvolvimento? Qual é o efeito das impurezas? Como garantir pequenos erros nas temperaturas práticas? Os autores desta investigação consideraram apenas um problema importante que é o "ruído iónico". Por enquanto, este projeto é um excelente ponto de partida e os investigadores esperam que existam outras moléculas de iões dipolares que funcionem melhor para este fim. Embora um computador baseado em moléculas de valência mista ainda esteja longe de ser aperfeiçoado, esta investigação é um passo importante para a construção de dispositivos mais potentes, compactos e eficientes do que os actuais.

Perspectivas futuras: Aplicações emergentes e potencial impacto social.

A nanotecnologia numa definição muito simples, ou seja, tecnologias que operam em dimensões nanométricas. Um nanómetro é uma unidade de medida e é igual a um bilionésimo de metro ou 10 elevado a -9 metros. A dimensão dos átomos e das moléculas está dentro deste intervalo, pelo que, ao entrar neste pequeno espaço, o ser humano pode interferir na disposição dos átomos e das moléculas e criar novos materiais e estruturas diferentes dos que existem até agora.
A produção de nanotubos de carbono (estruturas tubulares de carbono) proporcionou à humanidade um material mais condutor do que o cobre, mais resistente do que o aço e mais leve do que o alumínio. Além disso, com a utilização de nanopartículas, é possível fabricar superfícies auto-

afiadoras ou sempre limpas e aumentar várias vezes a absorção magnética. Pneus com uma vida útil de mais de 10 anos e a administração de medicamentos a células individuais danificadas no corpo são algumas das capacidades que a humanidade alcançou com a ajuda da nanotecnologia.

Se aceitarmos que a nanotecnologia é a capacidade de produzir novos materiais, ferramentas e sistemas, assumindo o controlo aos níveis atómico e molecular e utilizando as propriedades desses níveis, então descobriremos que as aplicações desta tecnologia em vários domínios, incluindo a alimentação, a medicina, o diagnóstico, a medicina, a biotecnologia, a eletrónica, a informática, as comunicações, os transportes, a energia, o ambiente e a segurança nacional. De tal forma que é difícil introduzir uma área que não seja afetada por ela.

Embora as experiências e investigações sobre nanotecnologia tenham sido seguidas com seriedade desde o início dos anos 80 do século XX, os efeitos transformadores e incríveis da nanotecnologia no processo de investigação e desenvolvimento levaram todos os principais países a chamar a atenção para esta questão e a considerar a nanotecnologia como uma das suas prioridades de investigação mais importantes durante a primeira década do século XXI.

Por conseguinte, os investigadores, professores e industriais iranianos devem definir a sua posição e o seu estatuto relativamente a esta questão numa mobilização pública e exprimir-se nesta posição com uma presença ativa e até competitiva com um planeamento científico e especializado. Porque muitos peritos e investigadores consideraram a nanotecnologia como o futuro, por outras palavras, pode dizer-se que qualquer que seja a prioridade do país, qualquer que seja a indústria e a tecnologia, sem dominar as dimensões da nano no novo mundo, essa indústria e essa tecnologia não podem ter uma palavra a dizer no mundo.

A natureza interdisciplinar da ciência e da nanotecnologia, enquanto capacidade de produzir novos materiais, ferramentas e sistemas com precisão atómica e molecular, conduziu a muitas aplicações em vários domínios científicos e industriais. Por exemplo, no sector médico e da saúde, um dos domínios mais importantes da nanotecnologia é o sistema de distribuição de medicamentos no interior do corpo. Atualmente, o consumo de medicamentos é feito em volume, enquanto certas células do corpo necessitam deles, no novo método de injeção de medicamentos. Ao contrário do que acontece atualmente, a injeção é dirigida diretamente a células específicas e o medicamento é entregue no local de necessidade. Em termos de defesa, esta tecnologia é tanto uma oportunidade como uma ameaça para os países. Em termos das muitas aplicações desta tecnologia, tem havido uma grande tendência para a investigação e desenvolvimento no sector da defesa dos países.

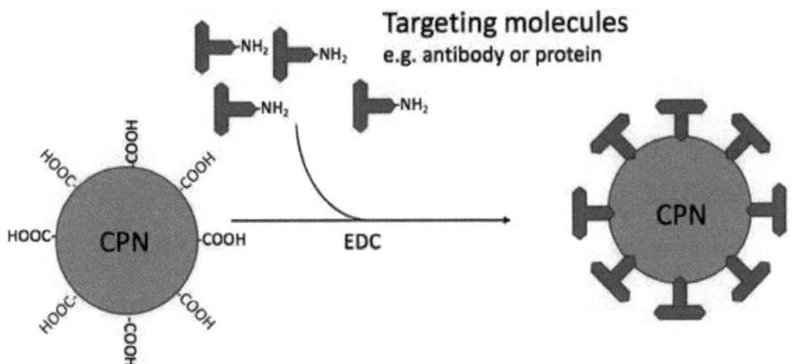

Figura 28. Nanopartículas de polímero conjugado

Estas aplicações vão desde roupas perigosas a pássaros muito pequenos, equipamento de inteligência e muitos outros casos que estão atualmente a ser levados a cabo sob a forma de projectos de investigação com o apoio dos ministérios da defesa de países como a América, o Japão e alguns países europeus. A nanotecnologia é uma mudança fundamental no caminho que conduzirá à criação de novos materiais no futuro e criará uma revolução nos materiais, uma vez que os investigadores poderão criar materiais que não existem na natureza e que a química convencional não é capaz de criar.

Algumas das vantagens dos materiais nanoestruturados são os materiais mais leves, mais resistentes e programáveis, a redução do custo da vida profissional através da redução da frequência dos defeitos técnicos, novas ferramentas baseadas em novos princípios e arquitetura, a indústria automóvel e os electrodomésticos que utilizam esta nova tecnologia a longo prazo. É possível diagnosticar corretamente os tumores cerebrais e curar esta doença sem danificar os tecidos sãos e utilizando a radioterapia. As nanocápsulas produzidas com nanotecnologia conterão substâncias como a vitamina A, o retinol e o beta-caroteno. A ideia é que estas substâncias sejam transferidas para as camadas profundas da pele, de modo a apresentarem as propriedades mais anti-envelhecimento e outras propriedades medicinais.

Ao utilizar nanopartículas opticamente activas no interior dos glóbulos brancos, conseguiremos identificar as células danificadas. No domínio da energia, pode afetar significativamente a eficiência, o armazenamento e a produção de energia e reduzir o consumo de energia. Por exemplo, as empresas químicas desenvolveram materiais poliméricos reforçados que podem substituir os componentes metálicos nas carroçarias dos automóveis. A utilização generalizada destes nanocompósitos pode poupar 1,5 mil milhões de litros de gasolina por ano.

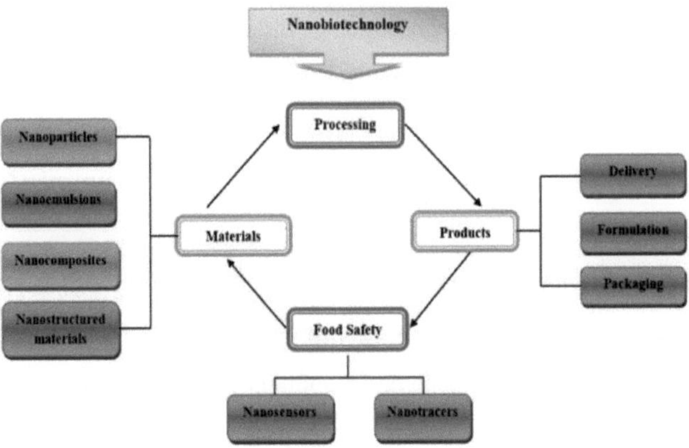

Figura 29. Panorâmica das aplicações de nanomateriais e nanodispositivos

Capítulo IV

Caracterização de nanopartículas

Importância da caraterização: Compreender as propriedades e o comportamento à nanoescala

Os materiais à escala nanométrica apresentam propriedades interessantes que não são observadas à escala macroscópica e em grande escala desses materiais. Por exemplo, o cobre metálico é transparente à escala nanométrica, ou o ouro metálico, que normalmente é inativo em termos de composição ou reação química, torna-se muito ativo à escala nanométrica. Além disso, no artigo "Grafeno - em palavras simples", vimos que o carbono no seu estado normal de grafite é muito macio, e se se transformar em nanotubos ou grafeno, adquire propriedades extraordinárias. Por outras palavras, os materiais à escala de cerca de nanómetros apresentam propriedades físicas diferentes das do estado normal.

A razão para isto pode ser respondida pelo facto de os átomos e as moléculas dos materiais à escala nanométrica terem mais liberdade de ação, o que afecta as suas propriedades químicas e, consequentemente, as suas propriedades físicas. As estruturas dos nanomateriais expõem mais superfície para se ligarem a outras nanopartículas, neste sentido, uma das aplicações dos nanomateriais é utilizá-los como catalisadores para aumentar a velocidade das reacções químicas.

Uma das razões para a diferença no comportamento dos materiais nas escalas nanométrica e micrométrica é a resistência à ação de factores externos. Por exemplo, na escala do metro e no mundo macroscópico, a gravidade é a força mais importante e mais forte que enfrentamos. A força gravitacional afecta tudo o que vemos à nossa volta. Mas na nanoescala, o efeito desta força é muito menor do que as forças electromagnéticas entre átomos e moléculas. Em suma, as regras do jogo da ciência parecem ser diferentes quando se trabalha à escala nanométrica.

Caracterização morfológica: Microscopia eletrónica (SEM, TEM), microscopia de sonda de varrimento (AFM, STM).

O que é um microscópio eletrónico de varrimento (SEM)?

O microscópio eletrónico de varrimento (SEM) é um dos métodos de imagem baseados em feixes de electrões. No microscópio SEM, são utilizados feixes de electrões em vez de luz para formar a imagem. Os feixes de electrões têm um comprimento de onda muito menor do que o da luz, e este comprimento de onda diminui com o aumento da velocidade dos electrões. Como resultado do curto comprimento de onda dos electrões, o poder de resolução na família dos microscópios electrónicos diminui para a escala de alguns nanómetros e, consequentemente, são visíveis muito mais detalhes na imagem. Na análise do microscópio eletrónico de varrimento, devido à baixa resolução, é possível examinar os detalhes nanométricos das superfícies dos materiais. Por exemplo, elevações muito pequenas e também o nível de falha podem ser bem reconhecidos. Na análise SEM, um feixe de electrões varre a superfície da amostra. Estes electrões são produzidos por uma fonte de electrões chamada canhão de electrões e depois acelerados num acelerador de electrões cuja voltagem se situa entre 1 e 30 kV.

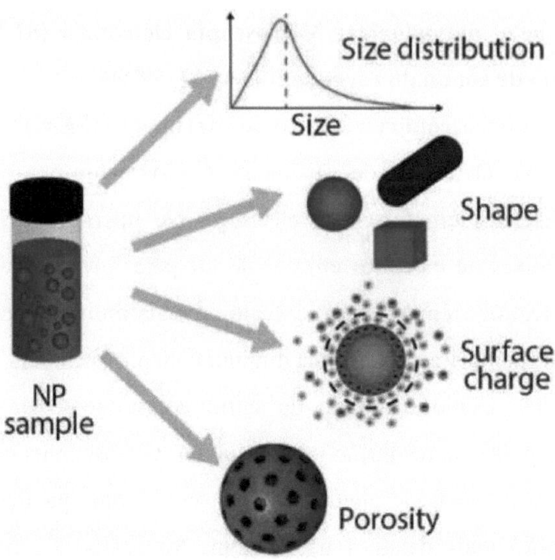

Figura 30. Caracterização de nanopartículas: O que medir?

Como já foi referido, quanto maior for a aceleração do eletrão, maior será a velocidade dos electrões e menor será o comprimento de onda dos electrões, pelo que aparecem mais detalhes na imagem. Os electrões acelerados passam por diferentes lentes electromagnéticas antes de atingirem a superfície da amostra. A tarefa destas lentes é focar o feixe de electrões na superfície da amostra. Depois de o eletrão atingir qualquer ponto da amostra, é emitido um sinal a partir desse ponto.

Alguns dos sinais emitidos pelo impacto do eletrão na amostra são os electrões secundários, os electrões retrodifundidos, os raios X característicos e os raios de catodoluminescência. Estes sinais vão para os detectores, onde são convertidos em imagens após processamento informático.

Componentes de um microscópio eletrónico de varrimento (SEM)

O microscópio eletrónico de varrimento é constituído por vários componentes, cujos principais elementos serão explicados a seguir. No início, existe um canhão de electrões cuja função é produzir electrões. O canhão de electrões está localizado na parte superior da coluna do microscópio eletrónico de varrimento. A seguir ao canhão de electrões encontra-se o sistema de aceleração onde os electrões são acelerados. Esta parte pode ser controlada pelo operador. Quanto maior for a aceleração dos electrões, mais curto será o seu comprimento de onda. Após o acelerador, existem várias lentes. Existem normalmente duas categorias gerais de lentes objectivas e de focagem. A função das lentes é estreitar e ajustar o feixe de electrões na superfície da amostra. Depois de passar pelas lentes, a câmara de retenção da amostra está localizada e o feixe de electrões atinge a superfície da amostra. Após a colisão, são colocados os detectores. Diferentes detectores, dependendo da escolha do operador, detectam e finalmente processam os sinais recebidos, incluindo electrões e ondas electromagnéticas. Existem outros componentes, como uma bomba de vácuo forte, um depósito de azoto líquido, etc.

Aplicações do microscópio eletrónico de varrimento (SEM)

Hoje em dia, com o progresso dos estudos, a microscopia eletrónica de varrimento tem sido muito utilizada. A aplicação mais importante da MEV é o exame das características da superfície dos materiais à escala nanométrica. Devido ao comprimento de onda muito menor dos electrões em comparação com a luz, é possível examinar muitos detalhes na superfície dos materiais. Em seguida, são mencionadas mais detalhadamente algumas aplicações do microscópio eletrónico de varrimento.

- Tirar fotografias de superfícies com uma ampliação de 10 a 1 000 000 vezes com uma resolução de cerca de 3 a 100 nm (dependendo da amostra).
- Exame das amostras preparadas para a metalografia, com uma ampliação muito maior do que a do microscópio ótico.
- Exame de secções e superfícies de fratura com gravura profunda.
- Avaliação da orientação cristalográfica de componentes como grãos, fases sedimentares e dendritos em superfícies.
- Análise elementar com detetor EDAX.
- Identificação das características químicas de componentes tão pequenos como alguns microns na superfície das amostras, por exemplo, inclusões.
- Fases sedimentares e placas de desgaste.
- Exame de componentes de semicondutores para análise de falhas, controlo do desempenho e confirmação da conceção de amostras.

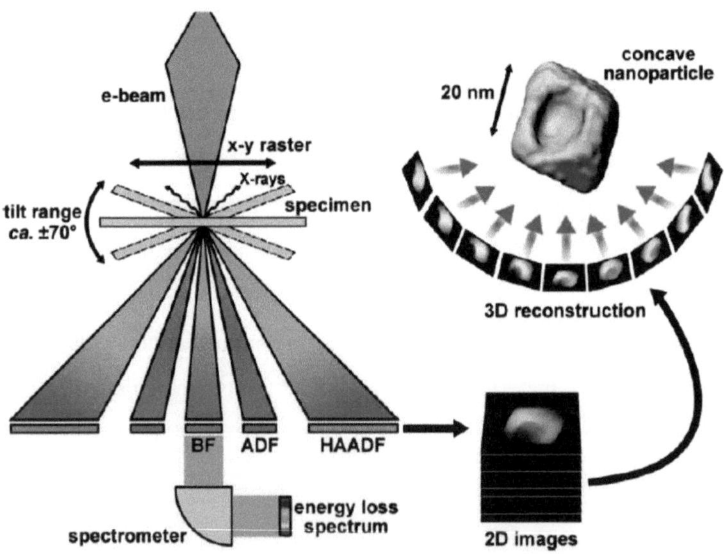

Figura 31. Técnicas de caraterização de nanopartículas: comparação e complementaridade no estudo de

Características do microscópio eletrónico de varrimento

As características únicas do microscópio eletrónico de varrimento devem-se à utilização de electrões em vez de luz. Como resultado, devido ao curto comprimento de onda dos electrões, são apresentados mais detalhes na imagem. Outro aspeto importante é que o comprimento de onda dos electrões pode ser controlado pelo acelerador. À medida que a velocidade aumenta, de acordo com a lei de Dobroy, o comprimento de onda que o acompanha diminui. Além disso, devido ao facto de, na análise SEM, a superfície das amostras ser varrida, é examinada uma superfície maior do que noutras análises electrónicas, como a TEM. Além disso, ao utilizar a recolha de sinais de ondas electromagnéticas, para além da imagem, podem ser obtidas informações úteis sobre a identificação dos elementos na amostra. Seguem-se algumas outras características da análise por microscópio eletrónico de varrimento:

- Óptima profundidade de campo;
- Maior dimensão da amostra do que a TEM;
- Design de colunas mais fácil;
- Preparação rápida e simples da amostra em comparação com a TEM.

Limitações do SEM

As amostras utilizadas no microscópio eletrónico de varrimento devem ser condutoras. Nas amostras não condutoras e semicondutoras, os electrões incidentes acumulam-se na superfície da amostra e fazem com que os electrões incidentes se desviem. Normalmente, para tirar fotografias de amostras semicondutoras e não condutoras, é revestida uma camada de ouro ou outro metal condutor na sua superfície, utilizando um dispositivo de pulverização lenta e iónica. Outra limitação do microscópio eletrónico de varrimento é o método de preparação, que consome muito tempo. De seguida, indicam-se algumas outras limitações deste microscópio.

- Necessita de vácuo elevado;
- Apenas a superfície da amostra é visível;
- Menor poder de separação (em comparação com o TEM).

Resolução SEM

O poder de separação é a distância mais pequena entre dois pontos que o microscópio consegue distinguir separadamente. Por conseguinte, a resolução do aparelho não pode ser melhor do que o tamanho do ponto de imagem. O melhor poder de resolução do SEM é o tamanho do ponto de imagem, que também depende da ampliação do aparelho. Para obter uma resolução mais elevada, é preferível reduzir o tamanho da sonda. Ao reduzir o diâmetro da sonda, a corrente do feixe também diminui. Por conseguinte, o sinal necessário pode não ser produzido. Por conseguinte, o poder de resolução final no MEV é o tamanho mais pequeno da sonda que pode fornecer um sinal suficiente da amostra.

Diferentes modos de análise STM

Modo de altitude fixa

Neste caso, a agulha desloca-se num plano plano acima da superfície da amostra e analisa a amostra. De acordo com a alteração da posição e das alturas na superfície da amostra, a distância da agulha à amostra altera-se e a corrente de túnel altera-se em conformidade. A corrente de tunelamento medida em qualquer ponto da superfície da amostra ajuda a criar a imagem. Este modo é mais utilizado para obter imagens de uma superfície mais lisa. A vantagem deste método é a elevada velocidade de varrimento da superfície, porque o dispositivo não tem de alterar a altura da agulha em relação às alturas da superfície.

Modo de caudal constante

Neste caso, a localização da agulha move-se para cima e para baixo proporcionalmente à altura da superfície da amostra. Porque, para manter a corrente de túnel constante, a distância entre a agulha e a amostra deve ser mantida constante em qualquer ponto da amostra. Isto é efectuado pelo circuito de retorno do dispositivo. Por exemplo, quando o dispositivo detecta um aumento da corrente de túnel, isso significa uma diminuição da distância entre a agulha e a amostra. Assim, o circuito de retorno emite o comando para aumentar a altura da agulha. É capaz de efetuar o varrimento de superfícies não lisas com elevada precisão, mas o tempo de varrimento é longo.

Comparação do modo de altura constante e de caudal constante

Como já foi referido, os microscópios de varrimento por túnel analisam a topografia da superfície em dois modos: Fluxo constante ou altura constante, cada um dos quais tem as suas próprias vantagens e desvantagens. O modo de altura fixa é mais rápido porque o sistema não tem de mover o piezo scanner para cima e para baixo. Mas a informação que produz só é útil para superfícies relativamente lisas. Embora o modo de fluxo constante possa medir superfícies irregulares com maior exatidão, demora mais tempo. Além disso, a sensibilidade do STM à estrutura eletrónica local pode criar problemas na preparação do mapa topográfico. Por exemplo, se uma parte da amostra estiver oxidada, a corrente do túnel cai subitamente quando a agulha atinge essa área. No modo de fluxo constante, o controlador dá instruções à agulha para se aproximar da amostra para manter o fluxo do túnel constante e, como resultado, a agulha pode causar uma indentação na superfície da amostra. Por outro lado, a sensibilidade da STM à estrutura eletrónica pode ser uma grande vantagem. Outras técnicas utilizadas para obter informações sobre as propriedades electrónicas da amostra recolhem e calculam a média dessas informações a partir de uma área relativamente grande (com uma secção transversal de vários microns a vários milímetros) da superfície da amostra.

Tecnologia de manipulação atómica com STM

O microscópio de túnel de varrimento pode ser utilizado para fabricar objectos átomo a átomo (artesanato ou decoração). Para este efeito, são utilizadas sondas muito afiadas. Ajustando a altura da agulha com o átomo desejado e controlando a corrente de túnel, o microscópio de tunelamento de varrimento pode separar o átomo da superfície da amostra e transferi-lo para o local desejado ou deslocá-lo na superfície da amostra. No modo de deslocamento da superfície, o átomo atraído para a ponta da agulha não é separado da superfície e apenas se move horizontalmente na superfície da amostra. O microscópio de força atómica pode também manipular átomos em dois modos de trabalho: contacto e impacto.

Por exemplo, investigadores da Universidade de Ohio tiraram partido da STM para manipular átomos numa superfície desordenada. Esta técnica é a primeira do seu género numa superfície tridimensional. Este processo requer instrumentação e controlo atómico precisos. É necessária uma precisão atómica ainda maior para manipular átomos em superfícies tridimensionais. Esta técnica é muito útil para o processamento de estruturas atómicas a partir de átomos simples. A resolução deste problema conduziu à compreensão de questões fundamentais, como as interacções importantes à escala atómica. Para realizar a operação de "manipulação de átomos" de uma amostra personalizada, a ponta do STM é revestida com átomos de prata a baixa temperatura. Alguns átomos de prata são removidos tocando suavemente a ponta na superfície de prata. É obtida uma imagem 3D da forma do aglomerado para determinar a área-alvo ideal para a remoção dos átomos. Quando a região ideal é determinada, a ponta de prata do STM é inclinada na direção do aglomerado de prata. A proximidade da ponta prateada ao tamanho de um décimo de nanómetro do aglomerado faz com que o átomo se desloque. O movimento lateral ao longo das superfícies puxa os átomos deslocados e o resultado é o mesmo.

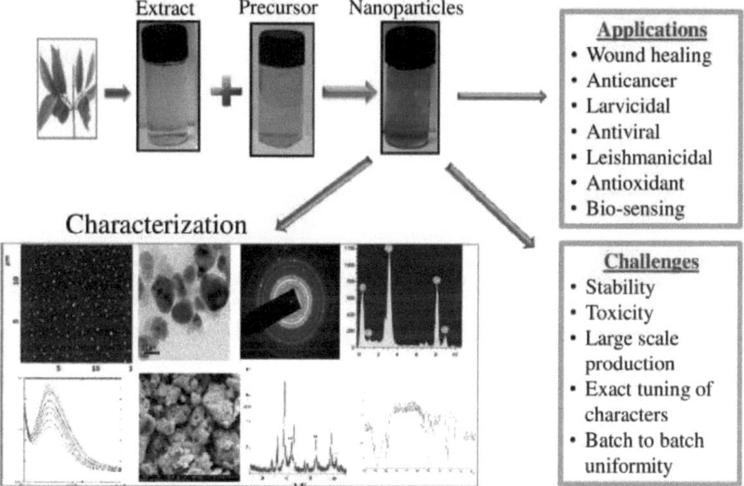

Figura 32. Nanopartículas biogénicas: uma perspetiva abrangente em síntese

Sistema de dispositivo de análise STM

- **Sonda**

As sondas STM são normalmente constituídas por um cantilever (pólo) com uma agulha metálica afiada para minimizar as flutuações das ondas. Idealmente, a agulha deveria ser afiada, mas, na prática, a maioria dos métodos de preparação de agulhas produz uma agulha com uma secção transversal rugosa que contém várias asperezas, sendo a mais próxima da superfície da amostra responsável pelo tunelamento. As agulhas cantilever afiadas são normalmente feitas de metal, incluindo metais de tungsténio, ouro e ligas de platina-irídio.

Sistema de diferença de tensão

No microscópio de tunelamento de varrimento, é aplicada uma tensão de polarização adequada entre a agulha e a superfície da amostra. Quando a agulha é colocada a uma distância inferior a 10 angstroms da superfície da amostra, os electrões fluem da amostra para os átomos da agulha ou vice-versa, com base num fenómeno quântico chamado tunelamento. Esta corrente é tal que mais de 90% da corrente de tunelamento flui do último átomo da agulha para a amostra ou vice-versa.

Piezoelétrico

Os microfeixes piezoeléctricos do microscópio de tunelamento de varrimento são feixes que podem ser utilizados como auto-estimuladores através da colocação de uma camada piezoeléctrica sobre eles. O objetivo deste artigo é investigar o comportamento vibratório deste tipo de microfeixes em meio líquido. A modelação do movimento vibratório da viga foi efectuada utilizando dois modelos de viga não uniforme baseados na teoria de Euler-Bernoulli e o modelo de massa concentrada proposto, incluindo três esferas, cada uma das quais equivalente a uma parte da microviga não uniforme. Para além disso, o efeito das propriedades mecânicas importantes do fluido, a distância do micro-pólo à superfície da amostra, o ângulo do micro-pólo em relação à superfície da amostra e também o efeito do raio da sonda são também investigados. Os resultados obtidos mostram a dependência do movimento vibracional das forças hidrodinâmicas, da compressão e também da interação entre a ponta da sonda e a superfície da amostra (a distâncias nanométricas).

Quais são os pontos fracos da análise STM?

As vantagens mais importantes do microscópio de varrimento por efeito de túnel são

- Produção de uma imagem 3D completamente real da superfície;
- Alta resolução de cerca de 0,1 nm;
- Capacidade de analisar à temperatura de zero Kelvin;
- Ausência de restrições atmosféricas para a análise;
- Pode ser utilizado para materiais orgânicos.

Além disso, esta análise tem limitações que incluem:

- Dimensões mais pequenas de imagens de microscópios electrónicos;
- Velocidade muito inferior à dos microscópios electrónicos;
- Custo muito elevado e mais raro do que outros métodos de análise;
- A necessidade de uma preparação preliminar da superfície.

Caracterização estrutural: Difração de raios X (XRD), dispersão dinâmica de luz (DLS).

Dispersão fotodinâmica (DLS) Devemos saber que o tamanho das partículas é um indicador valioso em termos de qualidade e desempenho e afecta muitas propriedades dos materiais. A dispersão fotodinâmica (DLS) é uma técnica de medição ótica para descrever sistemas de nanopartículas. Este método é um dos métodos mais comuns para determinar a distribuição do tamanho das partículas. O movimento browniano das partículas em líquidos é utilizado para determinar o tamanho das partículas. Quando a luz takfam atinge partículas em movimento, com base no tipo de dispersão, o comprimento de onda ou a intensidade da luz recebida altera-se, e esta alteração está relacionada com o tamanho da partícula. A DLS é um método espetroscópico indireto que efectua medições à escala nano e submicrónica e é também uma tecnologia não invasiva, rápida, fácil, precisa, fiável e relativamente barata, que requer muito pouca amostra e baixos custos de manutenção. Embora a técnica de DLS apresente limitações, tais como: Alterações nos resultados devido a mudanças de temperatura e viscosidade; a necessidade de preparação da amostra; A necessidade de conhecer o índice de refração relativo e também que as partículas devem estar dispersas em líquidos, caso em que será difícil encontrar um líquido adequado devido à interação física e química das partículas com o líquido. Mas a técnica é muito popular nos laboratórios de universidades e centros industriais devido aos resultados fiáveis que proporciona. A aplicação desta técnica nos domínios dos nanomateriais, da física, da química, da biologia, da medicina e da mecânica dos fluidos está a expandir-se rapidamente.

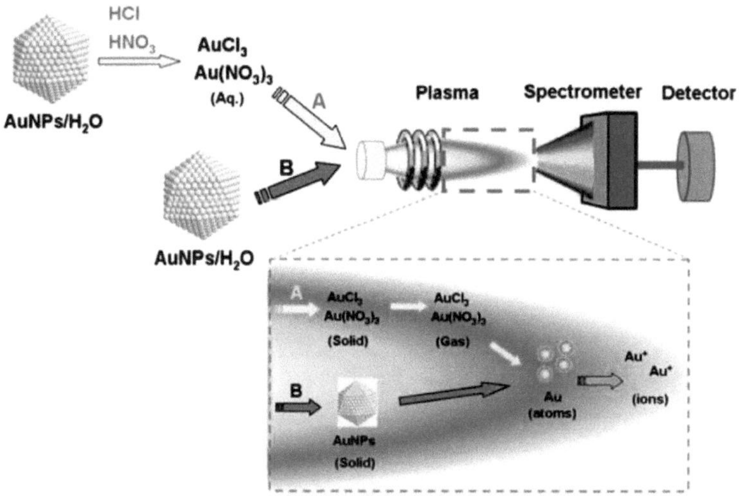

Figura 33. Técnicas de caraterização de nanopartículas: comparação e complementaridade

A base da dispersão dinâmica da luz

A dispersão dinâmica da luz (DLS) baseia-se na medição da resolução temporal da luz coerente dispersa por partículas, tais como moléculas grandes ou partículas finas na amostra. Quando a luz atinge o material, o campo elétrico da luz induz uma polarização oscilante dos electrões nas moléculas. As variações de frequência, a distribuição angular, a polarização e a intensidade da dispersão são determinadas pelo tamanho, forma e interacções moleculares no material de dispersão. Por conseguinte, utilizando as características da dispersão da luz de um sistema e com a ajuda da teoria da mecânica estatística dependente do tempo, é possível obter informações sobre a estrutura e a dinâmica molecular do ambiente de dispersão.

Quando partículas microscópicas são dispersas num solvente, devido à colisão dessas partículas com átomos, as moléculas do solvente terão um movimento aleatório, que é chamado de movimento browniano. As partículas mais pequenas movem-se mais rapidamente e percorrem distâncias maiores; enquanto as partículas maiores movem-se mais lentamente e percorrem distâncias menores.

As partículas no interior da amostra têm movimento browniano, que são excitadas por um feixe laser de frequência única. Com base no tipo de fenómeno de dispersão, o comprimento de onda e a intensidade da luz que entra após atingir as partículas de luz dispersas do laser são medidos por partículas pequenas e grandes com alta resolução. Na imagem acima, é apresentado o sinal de oscilação resultante da dispersão da luz laser por partículas grandes e pequenas.

Teoria da dispersão de Rayleigh e teoria da dispersão de May

As características da dispersão da luz dependem da relação entre o tamanho da partícula e o comprimento de onda da luz que entra. Para a investigação teórica da dispersão da luz de pequenas partículas, utilizamos o parâmetro de critério de tamanho.

Em 1871, Riley propôs a sua teoria sobre a dispersão da luz solar pelas moléculas de gás na atmosfera, descrevendo assim a cor do céu. Em termos mais gerais, a dispersão de Rayleigh descreve a dispersão elástica da luz por partículas muito mais pequenas do que o comprimento de onda da luz incidente. A dispersão de Rayleigh resulta da polarizabilidade eléctrica das partículas. Quando uma partícula tão pequena é exposta a ondas electromagnéticas, o campo elétrico oscilante de uma onda de luz actua sobre as cargas no interior de uma partícula, fazendo com que as partículas fiquem polarizadas, de modo a que as cargas negativas se afastem do núcleo positivo.

Como resultado da separação da carga, obtém-se uma partícula de dipolo momentâneo. Em seguida, a partícula irradia devido à carga acelerada. O dipolo oscilante produz um campo elétrico oscilante, que é proporcional ao quadrado da frequência de oscilação. Uma vez que a intensidade, ou seja, a potência da área emitida, é proporcional ao quadrado da amplitude do campo E, a secção transversal resultante da dispersão de Rayleigh depende do comprimento de onda e está aproximadamente inversamente relacionada com a quarta potência do comprimento de onda. Por conseguinte, a quantidade de dispersão é inversamente proporcional à quarta potência do comprimento de onda.

Se o tamanho das partículas for próximo ou ligeiramente superior ao comprimento de onda da luz incidente, a aproximação de Rayleigh não pode ser utilizada. Para partículas maiores do que o comprimento de onda da luz, ao descrever as equações de Maxwell para condições de fronteira definidas, pode propor uma teoria para estudar a dispersão da luz a partir de partículas, de acordo com a forma das partículas e a diferença no índice de refração entre as partículas e o ambiente em que são dispersas.

Em comparação com as partículas pequenas, as partículas grandes dispersam a luz em ângulos mais pequenos em relação ao feixe incidente. Na teoria de May, o utilizador precisa de conhecer o índice de refração da partícula e do meio, ou o índice de refração relativo. A intensidade da luz dispersa pelas partículas é uma função do comprimento de onda da luz, do ângulo de dispersão, do tamanho da partícula e do índice de refração relativo da partícula e do meio. Por outras palavras, no padrão de dispersão, a intensidade da luz dispersa em diferentes ângulos é uma função do tamanho, forma e propriedades ópticas da partícula.

Para utilizar a teoria de May, há condições que são as seguintes

- A luz que atinge as partículas deve ser monocromática para determinar o seu tamanho. Por outras palavras, todos os raios de luz incidentes devem ter o mesmo comprimento de onda e a mesma frequência. A partícula deve ser esférica, porque a forma da partícula afecta o padrão de dispersão.

- As partículas devem ser idênticas; se a partícula não for idêntica, as suas propriedades ópticas serão diferentes em diferentes direcções.
- A luz incidente deve ter a forma de ondas planas e planas.
- Tanto a dispersão como a absorção devem ser consideradas.
- O índice de refração do meio e da partícula deve ser conhecido
- Por último, a coleção deve ser homogénea, uma vez que a heterogeneidade afecta o padrão de dispersão.

Algumas destas condições fazem parte das condições principais da teoria de May, mas outras são utilizadas para simplificar o problema e determinar a dimensão. O que se entende por padrão de dispersão são as alterações na intensidade da luz dispersa de acordo com o ângulo de dispersão, após a interação da luz com a partícula, e o ângulo de dispersão é o ângulo que o feixe de luz dispersa faz com o feixe de luz incidente. Por conseguinte, as colecções de partículas produzem um padrão de luz dispersa que é definido pela intensidade e pelo ângulo e que pode ser convertido numa distribuição do tamanho das partículas. A gama de luz dispersa em diferentes ângulos (algoritmo de dispersão) depende não só da concentração e do tamanho das partículas, mas também da relação entre os índices de refração das partículas, do ambiente em que as partículas se encontram e de pequenas alterações nos valores do tamanho ou do índice de refração.

As partículas no meio de dispersão coloidal dispersam a luz laser recebida e a intensidade da luz dispersa é determinada por deteção em DLS. As partículas movem-se continuamente e causam interferências construtivas e destrutivas no padrão de dispersão, a intensidade da luz dispersa flutua ao longo do tempo. A interferência resultante da dispersão dos raios de luz de diferentes partículas origina ondas de interferência. A intensidade destas ondas de interferência é medida pelo detetor. Assim, a intensidade da luz detectada pelo detetor flutua com o tempo. Este sinal é transformado de Fourier para determinar a distribuição de frequência versus intensidade e, com base nisso, a distribuição do tamanho das partículas pode ser calculada. A transformada de Fourier é uma operação matemática que pode determinar a intensidade relativa de cada frequência no sinal de ondas de interferência. O sinal ótico obtido apresenta alterações aleatórias devido à alteração da posição relativa das partículas.

O papel do potencial zeta no ensaio DLS

A compreensão da relação entre a medição das partículas e o seu potencial conduz ao potencial de fluxo do fluido zeta. Este potencial indica a quantidade de resistência eletrostática entre as partículas. Um dos testes que normalmente pode ser efectuado com um dispositivo DLS é a determinação do potencial zeta das partículas. O potencial zeta é frequentemente utilizado como um índice para verificar a estabilidade da dispersão da amostra. Um potencial zeta elevado em termos de tamanho significa que a suspensão se encontra num estado favorável em termos de estabilidade eletrostática. Este parâmetro é utilizado como uma função do PH e um fator na alteração química da amostra para criar novas formulações e materiais com maior estabilidade. A determinação do ponto onde o potencial zeta é zero (ponto isoelétrico) fornece condições óptimas para a separação de partículas ou contra a formação de coágulos.

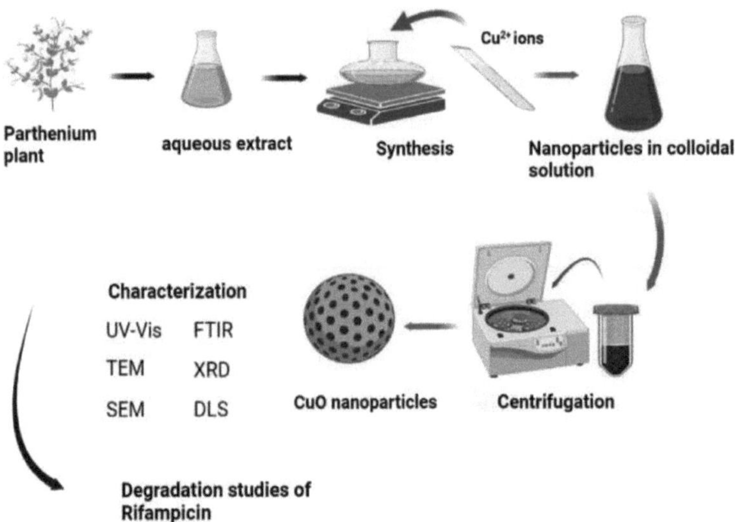

Figura 34. Síntese verde de nanopartículas de óxido de cobre e sua eficiência na degradação da rifampicina

Movimento browniano de partículas no ensaio DLS

Quando diferentes partículas são colocadas em soluções dispersantes, as moléculas da solução exercem forças sobre as partículas. O movimento aleatório das partículas na solução dispersante causado pela aplicação de força pelas moléculas da solução é designado por movimento browniano. A medição do movimento browniano das partículas na análise DLS é efectuada utilizando o dispositivo DLS e os raios visíveis de uma fonte de luz de néon-hélio com um comprimento de onda de 633 nm. O movimento browniano das partículas na solução de dispersão depende do tamanho das partículas. Quanto maior for o tamanho da partícula na solução, mais lento será o movimento browniano da partícula e, do mesmo modo, à medida que o tamanho da partícula diminui, o seu movimento na solução dispersante será mais rápido. O movimento browniano das partículas também depende de outros factores, como a temperatura e a viscosidade.

Por conseguinte, é necessário que os factores que influenciam a execução do ensaio sejam completamente constantes. Caso contrário, o ensaio efectuado terá um erro.

Como é efectuada a análise DLS?

Cada partícula da suspensão está em constante movimento, independentemente das outras partículas. Esta mobilidade desempenha um papel importante na análise DLS. A uma temperatura constante, as partículas com dimensões maiores movem-se muito mais lentamente. Quando o feixe de laser atinge as partículas em movimento com uma determinada frequência, este dispersa-se com uma frequência diferente e ocorre uma oscilação na fase da luz dispersa. Este fenómeno é designado por efeito Doppler. A quantidade de mudança na frequência da luz emitida está relacionada com o tamanho das partículas. Deste modo, a velocidades médias mais elevadas, as partículas mais pequenas provocam uma maior alteração na frequência da luz. A relação entre o tamanho da partícula e a velocidade do seu movimento browniano depende também do coeficiente de difusão da partícula. A interferência de raios dispersos de diferentes partículas cria ondas de interferência que são registadas pelo detetor. A partir do exame dessas ondas no analisador DLS, calcula-se o coeficiente de penetração das partículas e, portanto, o tamanho das partículas.

Um dispositivo de teste DLS é composto pelos seguintes componentes

Fonte de luz

Uma das partes importantes do dispositivo é a fonte de luz laser, cuja tarefa é produzir a luz necessária para a irradiação na amostra de ensaio. Neste método, podem ser utilizadas várias fontes de laser. A luz emitida pela fonte de luz laser do dispositivo deve passar por um atenuador antes de atingir a amostra.

Debilitante

O atenuador deve ter a capacidade de atenuar a intensidade da luz emitida pela fonte de acordo com o tipo de amostra que está a ser testada. Os atenuadores modernos podem alterar a quantidade de luz emitida em termos de percentagem de radiação de 0,0003% a 100% da radiação. O papel do atenuador é determinado quando a intensidade da luz dispersa pela amostra é elevada. Neste caso, o ensaio não é possível. Por exemplo, amostras que têm uma concentração elevada ou amostras que têm uma taxa de dispersão de luz elevada. Além disso, quando a quantidade de dispersão de luz é inferior ao nível necessário, o atenuador pode fornecer as condições para a realização do teste DLS numa situação ideal, reduzindo a intensidade da luz emitida para o tamanho adequado e optimizando a quantidade de intensidade de luz dispersa da amostra.

Cuvete

A luz emitida pela fonte de laser, depois de passar pelo atenuador, colide com a amostra de ensaio que é injectada na cuvete no estado de suspensão ou emulsão. A cuvete ou tubo é um dos componentes da máquina de DLS, no qual a amostra é vertida. Ou seja, a amostra é colocada neste local. A maior parte da luz que chega à cuvete atravessa-a diretamente sem mudar de direção.

Identificador

Uma parte da luz que atinge a amostra de teste e não a atravessa é dispersa devido à colisão com as partículas da amostra de teste. A luz dispersa num ângulo de 173 graus é recebida pelo detetor, que é outro componente do dispositivo. A tarefa do detetor é medir e registar a intensidade da difração da luz. De facto, o padrão de pontos do teste DLS é obtido utilizando o identificador.

Contador de comunicações

O sinal de intensidade de difração registado sob a forma dc um padrão dc pontos no detetor é enviado para o comunicador. O medidor de correlação também calcula a taxa de diferença de intensidade em diferentes momentos, comparando a diferença de intensidade em diferentes intervalos de tempo.

Computador

A informação obtida é transferida para o computador através do medidor de comunicação. O computador analisa os dados enviados com um software especial. Finalmente, a informação necessária é apresentada sob a forma de distribuição do tamanho das partículas.

Para obter uma amostra bem sucedida, preste atenção aos seguintes pontos. Atualmente, a maioria dos candidatos a testes DLS opta por este método para verificar as nanopartículas. Estas nanopartículas devem ser dissolvidas num solvente adequado (de preferência diferente da acetona) para atingir a concentração desejada. Se necessário, é preciso preparar a amostra como uma suspensão com a ajuda de um dispositivo ultrassónico e entregá-la ao laboratório com um volume de, pelo menos, 2 a 5 ml. Normalmente, o procedimento é que, se os requerentes deixarem o processo de preparação da amostra a cargo do laboratório, serão recebidos cerca de 30% da taxa do teste DLS. Além disso, o requerente deve fornecer ao laboratório o índice de refração da nanopartícula pretendida, bem como o índice de refração e a viscosidade a uma temperatura específica selecionada para o solvente. A amostra de ensaio DLS não deve ser completamente escura e opaca para que o feixe de laser possa passar através dela. É de notar que, normalmente, não é possível efetuar o ensaio de DLS com soluções corrosivas ou com pHs muito ácidos ou alcalinos.

Resultados do teste DLS

Os dados da análise DLS são normalmente apresentados sob três formas: intensidade, volume e número. No diagrama de intensidade, é indicada a intensidade da dispersão da luz das partículas sólidas. De acordo com relatórios experimentais, a quantidade de dispersão de luz é proporcional à sexta potência do tamanho da partícula. Por conseguinte, no diagrama de intensidade, as partículas maiores têm um pico muito maior do que as partículas mais pequenas. Para realizar corretamente o ensaio DLS, as partículas da amostra têm de ser esféricas. Portanto, se as partículas testadas não forem esféricas, o resultado do teste DLS não será completamente exato. Note-se que se as partículas tiverem a forma de varetas ou placas, os resultados do DLS não são muito exactos e a distribuição do tamanho pode ser alargada ou podem ser observados vários picos da distribuição do tamanho nos resultados.

Identificação de materiais por difração de raios X

O principal objetivo da experiência difractométrica é determinar os ângulos correspondentes de cada pico e, em seguida, determinar a distância entre os planos atómicos. Considerando que cada composto tem um padrão único, é possível identificar a substância desconhecida com as tabelas relevantes. Por conseguinte, o primeiro passo após a obtenção do padrão de difração de raios X por DRX de um composto é preparar uma tabela na qual são especificados d e a intensidade relativa de cada pico. Hoje em dia, os aparelhos de difração de raios X (DRX) fornecem os valores de d e não há necessidade de métodos propensos a erros para os calcular e medir a partir do padrão de difração.

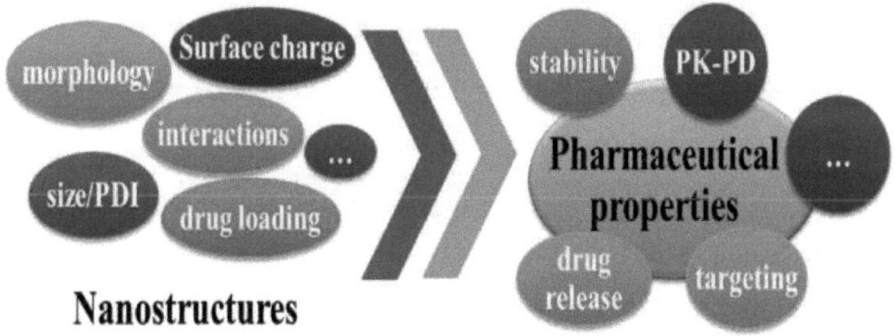

Figura 35. Nanopartículas à base de zeína: Preparação, caraterização e aplicação farmacêutica

Para determinar o tipo de fases ou minerais na amostra desconhecida, o método mais comum é comparar as informações obtidas no teste com as informações fornecidas na ficha padrão para esse material. (Existe um cartão padrão para cada composto químico ou mineral com uma estrutura cristalina específica). É de notar que entre os factores que afectam o valor de d estão o grau de cristalização e a presença de impurezas. Por conseguinte, os DS medidos por difractometria não coincidem completamente com os ds registados nos cartões padrão. Nesta situação, para verificar a amostra desconhecida, comparamos a intensidade do pico registado com a intensidade do pico dos cartões padrão e, desta forma, identificamos as fases da amostra desconhecida.

Aplicações da análise XRD

- **Determinação de fases:** A aplicação mais básica do método de análise XRD é a determinação de fases. Como já foi referido, a localização dos picos (o ângulo dos picos e a intensidade dos picos) contém informações da amostra, que podem ser utilizadas para determinar a estrutura atómica e a fase dos planos de difração e, deste modo, determinar a natureza e a estrutura da amostra.

- **Cristalinidade:** Sabemos que não existe um cristal perfeito em nenhum material e que os materiais existem como uma combinação de materiais cristalinos e amorfos. No diagrama XRD, os domínios amorfos têm picos largos e os domínios cristalinos têm picos. A relação de intensidade destes picos pode ser utilizada para determinar a cristalinidade.
- **Medição de domínios cristalinos:** A largura dos picos contém informações sobre a amostra. O tamanho do domínio cristalino e a micro deformação (deformação de curto alcance causada por defeitos na rede) são factores que influenciam a largura dos picos. É óbvio que quanto maior for o domínio cristalino e mais pequenos forem os defeitos da rede, menor será a largura dos picos. Utilizando as relações existentes e a análise de amostras, é possível descobrir o tamanho do domínio cristalino.
- **Tensor de expansão:** Para determinar as propriedades da amostra em função da temperatura ou da pressão, a amostra pode ser exposta a uma temperatura ou pressão controlada e, ao mesmo tempo, verificar a informação obtida por difração de raios X (XRD). Neste caso, no equipamento de XRD, é adicionada uma alteração de calor ou pressão e a amostra é sujeita a calor ou pressão durante a difração e o exame. Ao examinar a amostra em diferentes ângulos e condições, o tensor de expansão pode ser determinado.
- **Análise de textura:** A distribuição não aleatória das placas e a preferência direcional específica na amostra alteram a intensidade dos picos. Esta distribuição não aleatória das placas é designada por textura. Uma distribuição não aleatória de placas pode ser obtida comparando a intensidade dos picos com o estado completamente aleatório. A textura tem um grande efeito nas propriedades mecânicas, como a elasticidade e a resistência.

- **Tensão residual:** Uma das técnicas mais utilizadas para investigar a tensão residual é a análise XRD, devido à sua natureza não destrutiva. A tensão residual altera a distância entre as placas e, consequentemente, o ângulo de difração. O efeito da tensão é tanto sobre o ângulo de difração como sobre a largura dos picos. A tensão residual pode ser determinada examinando e analisando o diagrama.
- **Caracterização química:** Espectroscopia de raios X com dispersão de energia (EDX), espetroscopia de infravermelhos com transformada de Fourier (FTIR).

Espectroscopia de infravermelhos com transformada de Fourier (FTIR)

A espetroscopia de infravermelhos (espetroscopia de IV) é um subconjunto da espetroscopia que lida com a região infravermelha do espetro eletromagnético. Pode ser utilizada para identificar compostos ou verificar a composição de amostras. O espetro de infravermelhos da amostra é recolhido fazendo passar um feixe de luz infravermelha através da amostra. A análise da luz transmitida mostra a quantidade de energia absorvida em cada comprimento de onda. Isto pode ser feito utilizando uma ferramenta de transformação de Fourier para medir todos os comprimentos de onda simultaneamente. Desta forma, pode ser criado um espetro de transmissão ou absorção que mostra em que comprimento de onda IR a amostra absorve. A análise destas propriedades de absorção revela pormenores sobre a estrutura molecular da amostra. O espetrómetro de infravermelhos, 4000 a 400 cm com o instrumento principal de bancada-1, fornece uma gama de análise ligeiramente mais estreita (4000 a aproximadamente 650 cm) quando se utilizam acessórios e dados de reflectância atenuada-1).

Os revestimentos finos podem ser avaliados diretamente sobre um substrato refletor (modo de absorção reflectora) e os materiais em pó utilizando o modo de reflexão difusa. Quase todas as amostras podem ser avaliadas utilizando o método de análise espectroscópica FTIR. Os exemplos incluem sólidos, líquidos ou gases. Pequenas amostras podem ser analisadas no instrumento. As amostras maiores podem ser analisadas utilizando acessórios de microscópio externos. O microscópio também pode ser utilizado para selecionar uma parte específica da amostra. Os sólidos e os líquidos são normalmente avaliados utilizando a espetroscopia FTIR. Os materiais sólidos podem ser materiais termoendurecíveis ou termoplásticos, materiais de borracha, revestimentos, fibras e quase todos os produtos manufacturados. As amostras líquidas incluem lubrificantes, solventes, contaminantes removidos de uma superfície e outros líquidos que têm de ser identificados.

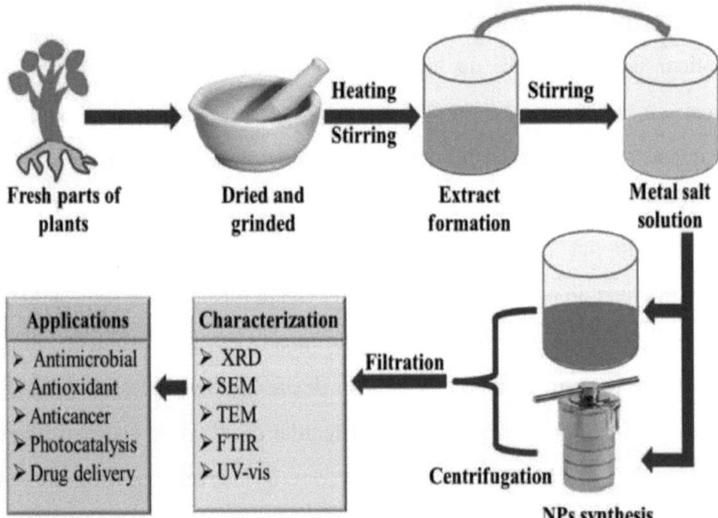

Figura 36. Síntese e caraterização de nanopartículas mediadas por extractos de plantas

Espectroscopia de infravermelhos com transformada de Fourier (FTIR)

A espetroscopia de infravermelhos com transformada de Fourier é um método utilizado para obter o espetro de infravermelhos de absorção ou emissão de uma substância sólida, líquida ou gasosa. Um espetrómetro FTIR recolhe simultaneamente dados com elevada resolução espetral ao longo de um amplo espetro. Isto tem uma vantagem significativa sobre um espetrómetro dispersivo, que mede a intensidade numa gama estreita de comprimentos de onda de cada vez. O termo espetroscopia de infravermelhos com transformada de Fourier deriva do facto de ser necessária uma transformada de Fourier (um processo matemático) para converter os dados em bruto num espetro real.

O objetivo das técnicas de espetroscopia de absorção é medir a quantidade de luz absorvida por uma amostra em cada comprimento de onda. A forma mais fácil de o fazer é através da "espetroscopia de dispersão", fazendo incidir um feixe de luz monocromática sobre uma amostra, medindo a quantidade de luz absorvida e repetindo a operação para cada comprimento de onda diferente.

A espetroscopia de transformada de Fourier é um método menos intuitivo para obter a mesma informação. Em vez de fazer incidir um feixe de luz monocromática (um feixe constituído por apenas um comprimento de onda) na amostra, esta técnica faz incidir um feixe que contém muitas frequências de luz ao mesmo tempo e mede a quantidade de absorção deste feixe pela amostra. De seguida, o feixe é modificado para incluir uma combinação diferente de frequências, dando origem a uma segunda fonte de dados. Este processo é rapidamente repetido várias vezes num curto período de tempo. Um computador pega então em todos estes dados e trabalha em sentido inverso para inferir a absorvância em cada comprimento de onda.

O feixe descrito acima é criado a partir de uma fonte de luz de banda larga - um feixe que contém todo o espetro de comprimentos de onda a medir. A luz incide sobre um interferómetro de Michelson - uma configuração específica de espelhos, um dos quais é acionado por um motor. À medida que este espelho se move, cada comprimento de onda da luz no feixe é periodicamente transmitido, bloqueado, transmitido pelo interferómetro de bloqueio devido à interferência de ondas. Os diferentes comprimentos de onda são modulados a diferentes velocidades, de modo que, em qualquer momento, o feixe que sai do interferómetro tem um espetro diferente.

Antecedentes do desenvolvimento

O primeiro espetrofotómetro barato capaz de registar um espetro de infravermelhos foi o Perkin-Elmer Infra cord, produzido em 1957. O instrumento cobria a gama de comprimentos de onda de 2,5µm a 15µm. O limite superior é o facto de o elemento de dispersão ser um prisma feito de um cristal de sal-gema (cloreto de sódio) que é opaco em comprimentos de onda superiores a 15 µm. Esta região espetral ficou conhecida como a região do sal-gema. Instrumentos posteriores utilizaram prismas de brometo de potássio para alargar a gama a 25 µm e de iodeto de césio a 50 µm. A região para além dos 50µm ficou conhecida como a região do infravermelho distante. Integra-se em comprimentos de onda muito longos na região das micro-ondas. As medições no infravermelho distante requerem a construção de grelhas de difração governantes precisas para substituir os prismas como elementos de dispersão, uma vez que os cristais de sal são opacos nesta região. Devido à baixa energia da radiação, eram necessários detectores mais sensíveis do que o bolómetro. Um deles foi o detetor de Golay. Um problema adicional é a necessidade de remover o vapor de água atmosférico, porque o vapor de água tem um forte espetro rotacional líquido nesta região. Os espectrofotómetros de infravermelhos eram incómodos, lentos e caros. As vantagens do interferómetro de Mickelson eram bem conhecidas, mas era necessário ultrapassar problemas técnicos consideráveis antes de se poder construir um instrumento comercial. Era também necessário um computador eletrónico para realizar a transformada de Fourier necessária, o que só se tornou viável com o advento de minicomputadores como o PDP-8, que ficou disponível em 1965.

Gama espetral

Infravermelhos distantes

Os primeiros espectrómetros FTIR foram desenvolvidos para a gama do infravermelho distante. A razão para tal está relacionada com a tolerância mecânica necessária para um bom desempenho ótico, que está relacionada com o comprimento de onda da luz utilizada. Para comprimentos de onda relativamente longos no infravermelho distante, é suficiente uma tolerância de 10 μm, enquanto que para a região do sal-gema a tolerância deve ser superior a 1 μm. Um instrumento típico é o interferómetro de cubo fabricado no NPL e comercializado pela Grubb Parsons. Este motor utiliza um motor de passo para acionar o espelho móvel e regista a resposta do rastreador após cada passo.

Infravermelhos

Com o aparecimento de microcomputadores baratos, tornou-se possível ter um computador para controlar o espetrómetro, recolher dados, realizar a transformada de Fourier e apresentar o espetro. Isto deu um impulso ao desenvolvimento de espectrómetros FTIR para a região do sal-gema. É necessário resolver os problemas de fabrico de componentes mecânicos e ópticos com uma precisão muito elevada. Atualmente, está disponível no mercado uma grande variedade de ferramentas. Embora a conceção das ferramentas se tenha tornado mais sofisticada, os princípios básicos permanecem os mesmos. Hoje em dia, o espelho móvel do interferómetro move-se a uma velocidade constante e a amostra do interferómetro é iniciada encontrando os pontos de cruzamento zero na periferia do interferómetro secundário, que é iluminado por um laser de hélio-neon. Nos sistemas FTIR modernos, não é estritamente necessária uma velocidade de espelho fixa, desde que as franjas de laser e a interferência principal sejam registadas simultaneamente a uma taxa de amostragem mais elevada e depois reposicionadas na grelha fixa, tal como foi feito por James W. Breault. Isto permite obter uma precisão muito elevada do número de onda no espetro infravermelho e evita erros de calibração do número de onda.

Infravermelhos próximos

A região do infravermelho próximo abrange a gama de comprimentos de onda entre a região do sal-gema e o início da região do visível, a cerca de 750 nm. Nesta zona podem ser observadas as vibrações fundamentais do calcário. Este material é utilizado principalmente em aplicações industriais, como o controlo de processos e a imagiologia química.

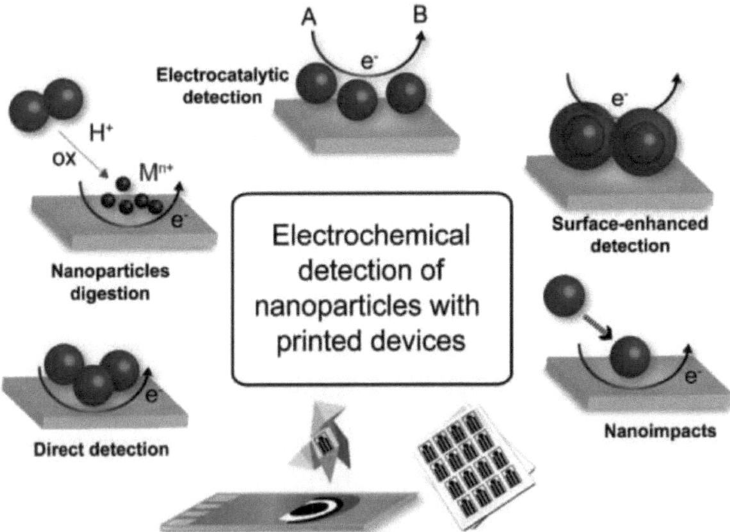

Figura 37. Deteção e caraterização eletroquímica de nanopartículas

Aplicações

A FTIR pode ser utilizada em todas as aplicações em que a espetrometria dispersiva foi utilizada no passado. Além disso, a sensibilidade e a velocidade melhoradas abriram novos campos de aplicação. Um espetro pode ser medido em condições em que muito pouca energia atinge o detetor e a velocidade de varrimento excede os 50 espectros por segundo. A espetroscopia de infravermelhos com transformada de Fourier é utilizada nos domínios da investigação geológica, química, de materiais e biológica. Entre as suas utilizações:

- Materiais biológicos;
- Microscopia e imagiologia;
- Nanoescala e espetroscopia abaixo do limite de difração;
- FTIR como traçador em cromatografia;
- TG-IR (análise de temperatura - espetroscopia de infravermelhos);
- Determinação da quantidade de água em plásticos e compósitos.

Análise EDS e WDS (espetroscopia de difração de energia e de comprimento de onda de raios X)

Depois de o feixe de electrões atingir a amostra no MEV, aparece um dos sinais mais importantes, os raios X característicos. Anteriormente, no artigo "Noções básicas de formação de imagem no Microscópio Eletrónico de Varrimento (MEV)", explicámos que estes raios são característicos de cada elemento e são utilizados para identificar os elementos na amostra. Quando um eletrão é transferido da camada exterior para a camada interior para preencher a vaga do eletrão disperso, serão emitidos fotões de raios X com energia igual à diferença de energia das duas camadas. Uma vez que a diferença de energia das diferentes camadas é definida com precisão e conhecida para cada elemento, a energia dos raios X produzidos será uma das características do átomo emissor.

Espectroscopia de difração de energia de raios X (análise EDS)

A espetroscopia de difração de energia de raios X é um método que utiliza a energia de raios X para analisar a estrutura e determinar a composição química de amostras em pequena escala. Utilizando o método de análise EDS, é possível efetuar análises qualitativas e quantitativas numa vasta gama de amostras metalúrgicas, biológicas, minerais e cerâmicas. Utilizando a informação obtida, é possível investigar quantitativa e qualitativamente as fases e regiões específicas com composição química homogénea. Por outras palavras, este método pode ser utilizado para microanálise.

A base de funcionamento do sistema de análise EDS

A base do trabalho na análise EDS é que, após bombardear a amostra com feixes de electrões, alguns electrões do átomo são deslocados e é criado

um buraco no seu lugar. Para que o átomo atinja o equilíbrio, um eletrão de níveis superiores migra para esse local e preenche o seu lugar. Como resultado, o eletrão perde parte da sua energia, que é igual à diferença de energia entre os dois níveis. Esta energia é emitida sob a forma de raios X, que são únicos para cada elemento. Por conseguinte, é utilizada para analisar os elementos da amostra. Em princípio, a medição de duas características da energia e do comprimento de onda dos raios X emitidos, permite-nos identificar os elementos da amostra.
O número e a energia dos raios X emitidos podem ser medidos com a ajuda de um espetrómetro EDS e o elemento desejado pode ser detectado. Na análise EDS, através da medição da energia dos raios emitidos, é possível identificar o tipo de elemento estudado, o que é considerado um método de análise qualitativo. Através da medição da intensidade dos raios X, é possível determinar a concentração dos elementos na amostra, o que permite a análise quantitativa de amostras desconhecidas. Quanto maior for o YPC observado para o elemento no gráfico, maior é a concentração desse elemento na amostra. Além disso, à medida que a energia do feixe de electrões aumenta e o peso atómico dos elementos diminui, é possível obter informações de uma maior profundidade da amostra.

Componentes do analisador EDS

O espetrómetro de difração de energia de raios X é constituído por quatro partes principais:

- Feixe de eléctrodos ou feixe de raios X;
- Detetor de raios X;
- Processador de impulsos;
- Analisador.

Na análise EDS, os raios X emitidos pela amostra são detectados por um detetor. O detetor é uma peça semicondutora de silício ou de germânio e deve ser colocado numa posição que permita receber o máximo de raios X. Para uma melhor absorção dos raios X emitidos, é colocada uma fina janela de berílio na frente do detetor.

Os raios X emitidos para o detetor têm uma determinada energia para cada elemento, o que provoca a libertação de um determinado número de electrões ao atingir o detetor de silício. Estes electrões são dirigidos para os canais através da criação de uma diferença de potencial entre as duas cabeças do detetor e são aí armazenados. Para uma melhor condução dos electrões, o detetor é coberto por uma fina camada de ouro com uma espessura de 10-20 nm. É evidente que quanto maior for a duração do varrimento da superfície, maior será o número de raios libertados e mais elevados serão os picos observados no gráfico. O detetor deve ser arrefecido regularmente para reduzir a resistência à corrente.

Isto é normalmente feito com azoto líquido. No entanto, os novos sistemas de deteção estão normalmente equipados com sistemas de arrefecimento e detectores de desvio de silício (SDD). Estes detectores têm vantagens como uma elevada taxa de contagem, um melhor processamento e um tempo mais curto, sem necessidade de azoto líquido. Além disso, a absorção de raios X por estes detectores é menor e a capacidade de identificar elementos mais leves do que o boro é proporcionada.

Aplicações da análise EDS

Com a ajuda do EDS, é possível preparar simultaneamente vários mapas dos elementos na mesma área. Também é possível preparar uma análise linear da superfície da amostra desconhecida e, com a sua ajuda, descobrir a presença de vários elementos na superfície da amostra. No entanto, a espetroscopia de dispersão de energia de raios X é normalmente utilizada para a análise semi-quantitativa de elementos mais pesados ou equivalentes ao sódio em termos de peso atómico e que incluem meio por cento ou mais de toda a amostra em peso.

Este método é utilizado principalmente para obter a composição química pontual e a investigação quantitativa e qualitativa de fases e regiões específicas. Por exemplo, a figura abaixo mostra a microanálise de duas fases desconhecidas observadas na análise SEM. Os resultados da análise pontual dos sedimentos colocados nos limites dos grãos mostram que estes sedimentos não estão na mesma fase, um contém o elemento crómio e o outro contém o elemento titânio.

Limitações da análise EDS

- Utilizando este método, os elementos com elevado número atómico podem ser revelados. Mas revelou elementos com elevado número atómico. Mas teremos limitações na deteção de elementos com baixo número atómico, especialmente em baixas concentrações.
- Neste método, é necessário um vácuo elevado para efetuar o teste. Por conseguinte, este método não pode ser utilizado para amostras cujo tecido é danificado pela presença de vácuo (como as amostras de análise ESEM).
- No caso de amostras muito baixas e altas, os raios X não conseguem atingir as partes profundas do poço da amostra. Por conseguinte, a análise semi-quantitativa não pode ser efectuada facilmente para estas amostras.
- Não é possível separar as energias no gráfico para uma diferença inferior a ev100. Porque, para além da confusão dos picos, será muito difícil distingui-los do fundo (ruído) devido à sua baixa altura.

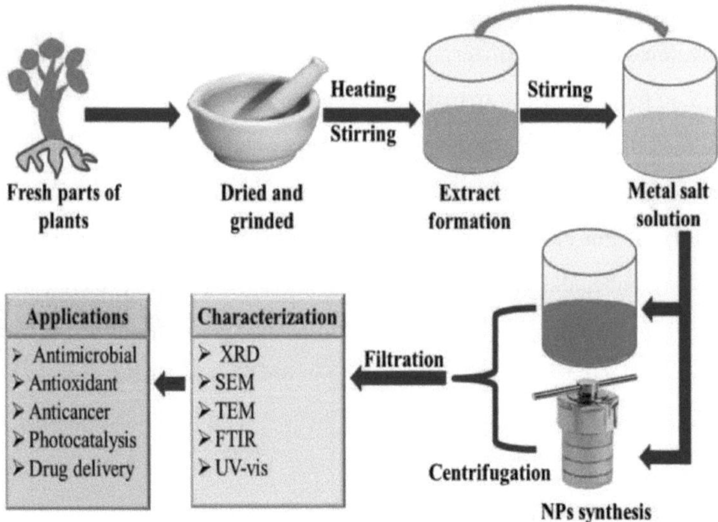

Figura 38. Síntese e caraterização de nanopartículas mediadas por extractos de plantas

Espectroscopia de difração de comprimento de onda de raios X (análise WDS)

Para resolver os problemas mencionados na secção sobre a análise EDS, utilizamos a análise WDS. A análise WDS tem três vantagens importantes em relação à análise EDS:

- Existe a capacidade de analisar elementos de estilo para elemento;
- A separação de elementos é muito melhor do que o EDS;
- Devido ao facto de os elementos serem verificados um a um, a relação entre o pico dos gráficos (terra) e o ruído é muito elevada.

Aplicações da análise WDS

- Capacidade de identificar quantitativamente os elementos;
- Capacidade de identificar elementos com número atómico muito baixo, como o carbono e o boro;

- Capacidade de identificar elementos com baixa concentração devido à elevada relação pico/ruído;
- Capacidade de identificar a maior parte dos materiais naturais e sintéticos, tais como minerais, vidro, cerâmica e metais.

Limitações da análise WDS

- O sistema WDS não consegue detetar elementos abaixo do número atómico de Bohr;
- Este sistema não tem a capacidade de identificar elementos no estado excitado e, para os identificar, é utilizado outro método, como a espetrometria de massa;
- Este sistema também não tem a capacidade de identificar isótopos. A espetrometria de massa pode ser utilizada para os identificar;
- Devido à necessidade de um vácuo elevado (10-8torr), este método provoca danos em amostras sensíveis, como alguns compostos orgânicos e biológicos;
- Tem uma velocidade relativa baixa, mas a utilização de detectores de matriz CCD reduz este problema.

Caracterização física e mecânica: Análise térmica, ensaios mecânicos à nanoescala.

O que é a análise térmica e que informações são extraídas da mesma?

Propriedades térmicas: As propriedades térmicas dos materiais são uma das propriedades físicas mais importantes dos materiais. Atualmente, devido ao crescimento e desenvolvimento de campos relacionados com os nanomateriais, a investigação das propriedades térmicas das nanoestruturas é um dos campos de interesse. O estudo das propriedades térmicas das nanoestruturas e dos nanomateriais centra-se mais na temperatura de fusão, na termodinâmica e na cinética de transição dos nanocristais líquidos e dos nanocristais amorfos, na cinética de crescimento dos grãos, no calor específico das nanoestruturas e na entalpia de superfície ou entre superfícies. As propriedades térmicas das nanoestruturas dependem especificamente da dimensão da nanoestrutura. Esta dependência do tamanho é mais intensa nas nanoestruturas com um tamanho entre 1 e 100 nm. Com estas interpretações, a análise térmica dos nanomateriais é muito importante para compreender como as propriedades termodinâmicas se alteram com o tamanho das partículas. A maioria das propriedades térmicas dos nanomateriais pode ser verificada por métodos de análise térmica.

Princípios de caraterização por análise térmica

Quando um material é aquecido, a sua estrutura sofre alterações como a fusão, a cristalização e, se for aplicado mais calor, a composição química do material sofre oxidação, decomposição e sinterização. Estas alterações podem ser caracterizadas por diferentes técnicas de análise térmica. Assim, a análise térmica examina as reacções dos materiais contra o fluxo de energia térmica dentro ou fora dos materiais sólidos. Estas reacções são também chamadas transformações térmicas. As análises térmicas devem ser efectuadas por dispositivos de deteção muito potentes (algum tipo de sensor) e em condições altamente controladas e fechadas. As análises térmicas são efectuadas de forma contínua ou faseada. De seguida, são discutidas várias técnicas de análise térmica.

Técnicas comuns de análise térmica

As técnicas de análise térmica são relativamente mais simples do que as técnicas espectroscópicas e de difração. Existem diferentes métodos de análise térmica. Os métodos mais comuns de análise térmica são a termogravimetria (ThermoGravimetry; TG), a análise térmica diferencial (DTA) e a calorimetria diferencial de varrimento (DSC). Cada um dos diferentes métodos é utilizado para investigar algumas alterações do material devido ao calor, por exemplo, a gravimetria térmica (TG) é geralmente utilizada para investigar a decomposição de materiais através do registo e acompanhamento da alteração da massa do material devido ao calor, e a análise térmica diferencial (DTA) e a calorimetria diferencial de varrimento (DSC) são geralmente utilizadas para investigar as alterações de fase dos materiais devido ao calor.

Outras técnicas de análise térmica incluem a termofotometria, a medição da termoluminescência, a termomicroscopia, a análise da condutividade térmica, a análise mecânica diferencial, a medição da libertação de partículas do material. Análise Termo-Particulada), medição da libertação de partículas radioactivas de um substrato ao longo do tempo (Análise Térmica de Emanação). Várias técnicas de análise térmica têm a capacidade de determinar as propriedades físicas dos materiais, tais como propriedades eléctricas, ópticas, mecânicas, alterações de entalpia, dimensões e volume, propriedades magnéticas, medição do som e viscoelasticidade dos materiais. Por exemplo, com as técnicas Thermo Acoustimetry e ThermoSonimetry, é possível medir as características sonoras das amostras, e com as técnicas Thermo Mechanical Analysis e Thermo Dilatometry, é possível medir as propriedades mecânicas, incluindo as dimensões e a viscosidade.

Equipamentos e dispositivos de análise térmica

Cada uma das técnicas de análise térmica pode ser efectuada com dispositivos especiais, por exemplo, o dispositivo TMA Appratus é utilizado para efetuar a técnica de análise termomecânica e o dispositivo Dilatometer é utilizado para efetuar a técnica de termodilatometria. Relativamente às técnicas comuns, os aparelhos são diferentes, por exemplo, o Thermo Blance é utilizado para a termogravimetria (TG), o DTA Appratus é utilizado para a análise térmica diferencial (DTA) e o Differential Calorimeter é utilizado para a calorimetria diferencial de varrimento (DSC).

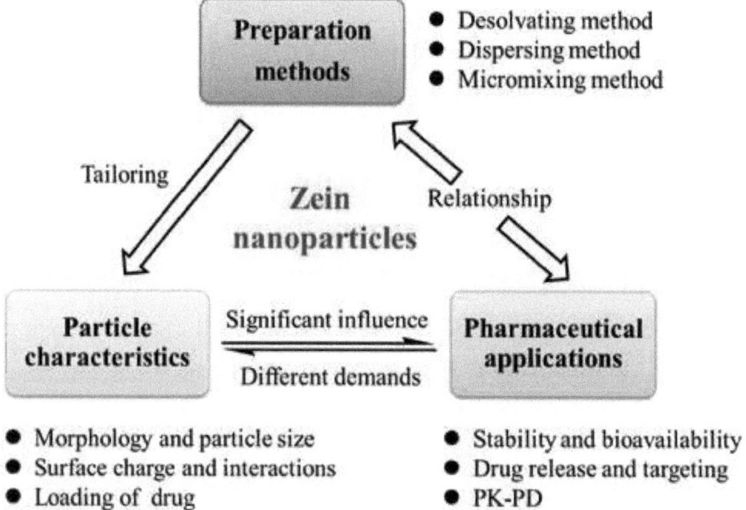

Figura 39. Nanopartículas à base de zeína: Preparação, caraterização e aplicação farmacêutica

É de notar que existem diferenças entre os dispositivos de análise térmica, mas também existem semelhanças entre eles. Por exemplo, todos os dispositivos de análise térmica têm um forno no qual a amostra é aquecida (ou arrefecida) num ambiente controlado e também têm um transdutor que regista e acompanha as alterações nas características do material. Em geral, a estrutura dos dispositivos de análise térmica é normalmente constituída por 4 partes, que são a parte relacionada com a amostra e o suporte da amostra, a parte dos sensores de temperatura e os sensores para verificar as alterações das características da amostra, a câmara do forno e o computador e software especial para a recolha e processamento de dados.

Tipos de métodos de análise térmica

A análise térmica é o estudo e a análise do tempo e da temperatura quando as alterações físicas da matéria ocorrem durante o aquecimento ou o arrefecimento. De acordo com o tipo de alteração física ocorrida na substância, existem vários métodos de análise térmica da amostra. Alguns destes métodos incluem TGA (com base na alteração do peso da amostra devido ao calor), DRS (a quantidade de luz reflectida pela temperatura devido a alterações de temperatura), DSC (alterações na capacidade térmica da amostra com a temperatura), DTA (diferenças de temperatura entre a amostra e a amostra de controlo ineficaz) contra alterações de temperatura) e TMA (determinação das alterações dimensionais da amostra ou da sua expansão e contração com a temperatura).

Aplicações da análise térmica

As análises térmicas são métodos únicos no domínio da análise de polímeros. Com a ajuda de técnicas de análise térmica, é possível descobrir a presença de impurezas na amostra; por exemplo, qualquer alteração anormal de massa nas curvas TG e picos de Na em vez de exotérmicos e endotérmicos nas curvas DTA e DSC indicam a presença de impurezas. Também é possível descobrir a quantidade de humidade presente na substância e, por isso, é considerada uma ferramenta valiosa para caraterizar hidratos e solventes. Ao examinar as curvas e os picos registados em algumas técnicas de análise térmica, é possível estudar o polimorfismo (tendência da substância para cristalizar em várias estruturas cristalinas) e o grau de cristalinidade. Para além disso, é também utilizada para estudar diagramas difusos.

Limitações das análises térmicas

Em geral, as análises térmicas são influenciadas por muitos factores, incluindo o peso da amostra, a dimensão das partículas, a atmosfera do forno, a geometria do cadinho, o tipo de analisador e a velocidade de aquecimento. Por conseguinte, a interpretação das curvas registadas tem de ser repetida e incluir diferentes condições. A utilização da TGA para estudar hidratos e teor de humidade nem sempre é fiável. As impurezas moleculares não são facilmente detectadas por DSC, porque as impurezas moleculares são capazes de se adaptar facilmente à matriz do composto original sem quebrar a estrutura da rede. Além disso, estas análises têm baixa sensibilidade em transições de baixa energia.

O que é a análise térmica ou análise TGA-DTA?

A análise térmica é um dos métodos que mede as características mutáveis dos materiais devido ao calor, tais como dimensões, massa, estado e comportamento mecânico. De facto, estes métodos térmicos são utilizados para determinar as propriedades físicas que dependem da temperatura. Uma vez que estas técnicas térmicas examinam as mudanças nas propriedades dos materiais ao aplicar um programa de temperatura específico. Este programa de temperatura pode ser estável ou dinâmico. No programa de temperatura constante, o aquecimento é efectuado a uma taxa constante e uniforme até à temperatura desejada. Estas condições também existem para o programa de temperatura dinâmica, com a diferença de que a amostra pode ser aquecida ou arrefecida a uma velocidade constante dentro do intervalo de temperatura pretendido. O programa dinâmico de temperatura tem a capacidade de estabilizar a temperatura num valor pré-determinado, ou seja, de permanecer constante a uma determinada temperatura durante um certo período de tempo e depois aumentar com um declive constante. Além disso, no programa de temperatura dinâmica, é possível verificar as alterações que ocorrem num determinado intervalo de tempo nesta temperatura.

Um dos métodos de análise térmica é a TGA ou gravimetria térmica. Através do método de análise termogravimétrica (TGA), é possível registar as alterações da massa da matéria em função da temperatura ou do tempo. No método de análise termogravimétrica ou análise TGA, a redução ou perda de peso devido à decomposição ou perda de água e o aumento de peso devido à absorção ou oxidação são medidos continuamente. Devido ao longo tempo de medição da TGA, por esta razão, as propriedades de estabilidade e anti-vibração das amostras devem ser consideradas. A principal aplicação da gravimetria térmica é analisar a estabilidade e a decomposição térmica dos materiais, através da alteração da massa em função da temperatura no método de varrimento ou em função do tempo no método isotérmico.

Esta função pode ser alcançada através da injeção de calor do tipo de distribuição com o sistema de eixo de binário. Uma vez que a sensibilidade de deteção do equilíbrio térmico é muito elevada, o método TGA mede quantitativamente as alterações de peso da substância. Este dispositivo está equipado com um equilíbrio térmico que é um local de transferência de massa que pode funcionar na atmosfera de diferentes gases. O material do suporte da amostra é um cadinho de alumínio ou platina, que fica pendurado no braço da microbalança eletrónica, que é colocada na caixa de vidro. Na prática, o forno é elevado para criar um espaço selado com a caixa de vidro. A atmosfera ou o fluxo de gás é controlado na câmara. Após a conclusão do ensaio, o forno é arrefecido por um fluxo de água e é possível efetuar o ensaio seguinte.

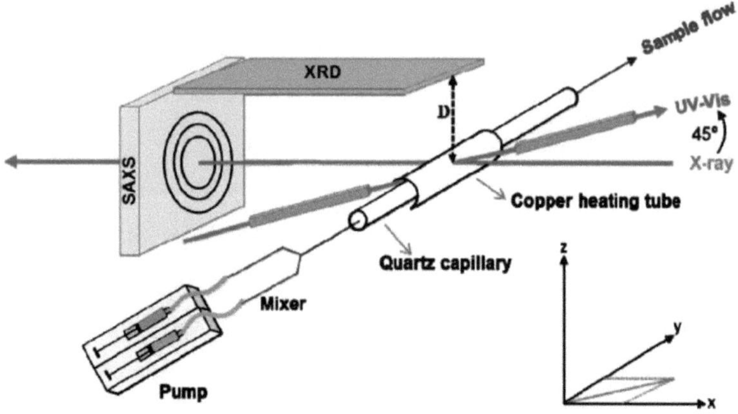

Figura 40. Técnicas de caraterização de nanopartículas: comparação e complementaridade

São necessárias uma referência e uma amostra para os ensaios de DTA. A base do método de análise térmica diferencial (DTA) consiste em medir a diferença de temperatura entre uma amostra e uma referência em condições de fluxo de calor constante. O fluxo de calor para a amostra e a referência permanece inalterado durante o ensaio. Tendo em conta que neste método se medem as diferenças de temperatura e que não fornece qualquer tipo de dados relativos à energia, este método é um método qualitativo. O mecanismo de funcionamento da DTA é que a diferença de calor entre a amostra e a substância de referência é medida utilizando dois termopares colocados simetricamente no forno. Em relação ao material de referência, convém ter em conta que este material não deve ser afetado por quaisquer alterações térmicas acima da gama de temperaturas de funcionamento. Por outro lado, nenhum dos componentes do dispositivo deve reagir e ter a mesma condutividade térmica e capacitância que a amostra ensaiada. A diferença de temperatura de duas amostras ΔT e a temperatura da amostra de controlo T podem ser determinadas.

Aplicações da análise térmica TGA-DTA

- Fases da perda de peso e suas condições de temperatura;
- Um processo qualitativo;
- Identificação qualitativa e quantitativa de minerais: procura de minerais numa amostra;
- Materiais poliméricos: Para a caraterização de materiais poliméricos de acordo com a identificação de alterações ou transições termofísicas, termoquímicas, termomecânicas e termoelásticas;
- Medição da cristalinidade: Medição da fração de massa ou massa de materiais cristalinos em polímeros semi-cristalinos;
- Análise de materiais biológicos: Para determinar a data dos ossos remanescentes ou em estudos arqueológicos;
- Análise DTA da declaração de dados de transformação fuzzy.

Capacidades e limitações da análise térmica TGA-DTA

As capacidades deste método são:

- Pode ser utilizado para temperaturas muito elevadas;
- Uma ferramenta muito sensível;
- Determinação das características de transição ou das temperaturas de reação.

Limitações deste método

- Pronúncia para amostras sólidas ou inicialmente sólidas.

Serviços e interpretação de análises térmicas TGA-DTA

Todos os serviços seguintes, para além da análise TGA-DTA, são possíveis de acordo com as necessidades do requerente:

- Determinação da temperatura de fusão;
- Temperatura de transição vítrea;
- Determinação do peso molecular;
- Percentagem de cristalinidade;
- Degradação térmica e impurezas;
- Determinação da sublimação e do tratamento térmico e outras questões.

Estudos de caso: Exemplos reais de caraterização de nanopartículas.

Hoje em dia, para além das suas vastas aplicações em várias indústrias, a nanotecnologia tem desempenhado um papel mais colorido na nossa vida quotidiana do que antes e tem sido eficaz na melhoria da qualidade das nossas vidas actuais, embora seja possível, em muitos casos, como indivíduo que não tem muita informação neste domínio, não estarmos conscientes da natureza dos dispositivos e tecnologias que utilizamos, mas não é mau aprender mais sobre a utilização da nano na nossa vida quotidiana.

Qual é a utilização do nano na vida quotidiana atual?

Vestuário e têxteis

Neste domínio, a nano tecnologia veio ajudar os especialistas a produzir tecidos com características especiais. Estas propriedades podem incluir tecidos à prova de água, à prova de fogo e antirrugas. A adição desta caraterística ao tecido, para além de ser utilizada em várias indústrias, incluindo a do mobiliário, também entrou, em certa medida, na nossa vida quotidiana.

Cola

Os adesivos que são produzidos de forma normal perdem normalmente a sua força adesiva a temperaturas elevadas. A nano tecnologia neste domínio permite que o adesivo resista a temperaturas elevadas e tenha até mais adesividade.

Faca

As aplicações da nanotecnologia vieram em nosso auxílio em todas as partes da casa. Uma das questões que normalmente constitui um problema para os membros da família durante os cozinhados é o abrandamento rápido da faca. Talvez já tenha afiado a sua faca muitas vezes ou tenha tido de comprar uma faca nova, mas há nano facas que evitam a lentidão e as manchas na faca através de um nano revestimento. Além disso, os cabos das facas também podem ter propriedades anti-sépticas e antibacterianas. Estas características irão provavelmente proporcionar-lhe uma experiência diferente na cozinha.

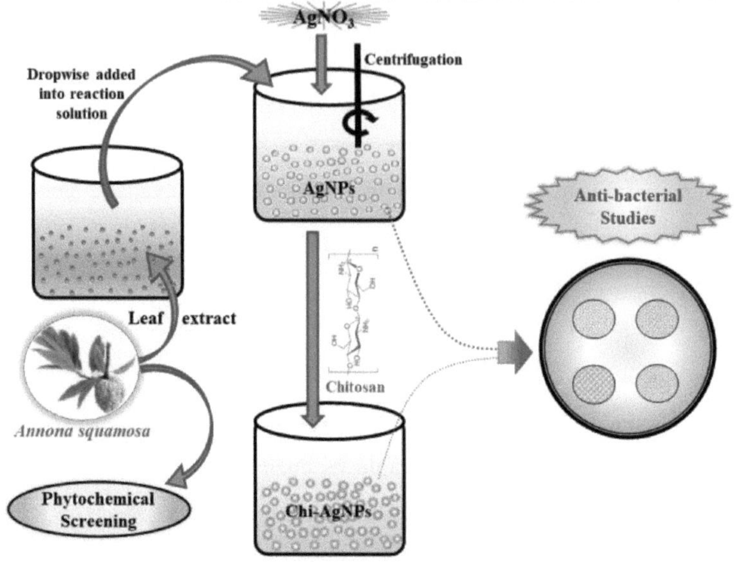

Figura 41. Síntese, Caracterização e Ação Correctiva de Nanopartículas de Prata Biogénica

Meias

Uma das primeiras indústrias a ser afetada pela tecnologia é a indústria têxtil, onde é possível acrescentar novas propriedades aos tecidos utilizando a nanotecnologia. Parece que as meias nano são um dos acessórios mais famosos que utilizam esta tecnologia e as pessoas estão familiarizadas com ela em grande medida. Claro que há meias que são vendidas apenas com o nome de nano e, na realidade, não há qualquer diferença em relação às meias normais. Não a têm; é um problema que pode causar dúvidas aos compradores. As meias nano originais, utilizando a tecnologia nano, fazem desaparecer o mau cheiro das meias. Estas meias são mais resistentes e podem também ser repelentes de água.

Toalhetes de limpeza

Os toalhetes nano multiusos com propriedades antibacterianas podem matar mais de 99% dos germes, bactérias e agentes patogénicos. Para utilizar estes toalhetes, basta humedecê-los um pouco para que as suas nanopartículas sejam activadas e desinfectem.

Mobiliário

Naturalmente, a utilização de nano em mobiliário está, de alguma forma, relacionada com os têxteis e os tecidos. As propriedades que são adicionadas aos tecidos dos sofás incluem geralmente a impermeabilidade e a baixa inflamabilidade. Esta caraterística é especialmente útil para cadeiras utilizadas em ambientes públicos, como salas de conferências, aviões, comboios, etc. Devido à baixa inflamabilidade destes tecidos, também têm propriedades antibacterianas, o que é uma das opções mais importantes para escolher o revestimento correto para cadeiras em locais públicos. Estes locais têm uma necessidade especial de limpeza devido ao elevado tráfego e os nano tecidos fazem-no automaticamente. Não penetram no tecido e são considerados uma caraterística maravilhosa em locais com muita gente, como comboios e aviões, onde é provável que os passageiros e as crianças bebam água ou qualquer outra bebida. É interessante saber que a propriedade de ser hidrofóbico pode ser adicionada a outros aparelhos que utilizamos. Por exemplo, no fabrico de alguns sapatos, a propriedade de ser hidrofóbico é utilizada para que o sapato não fique nem um pouco molhado e permaneça seco em caso de chuva e exposição à água.

Aplicação de nano em cosméticos

Compostos como nanopartículas, nano-lipossomas, nano-ciclodextrinas e nano-emulsões são os nanocompósitos mais comuns utilizados na formulação de produtos cosméticos que contêm transportadores activos ou outros materiais nanoestruturados. A produção de cremes hidratantes para a pele utilizando a tecnologia de lipossomas foi um dos primeiros casos de utilização da nanotecnologia neste domínio. Uma vez que a indústria dos cosméticos cobre uma parte importante dos mercados mundiais, a aplicação da nanotecnologia, tanto quanto possível, pode constituir a base de muitos desenvolvimentos neste domínio. A utilização da nanotecnologia provoca várias alterações nos produtos cosméticos. Por exemplo:

Altera as propriedades ópticas dos produtos cosméticos, como os protectores solares, que têm um efeito de limpeza na pele e fazem com que os óleos essenciais durem mais e melhor. As nanoestruturas podem proteger os produtos cosméticos da exposição à luz e ao oxigénio. Esta propriedade é especialmente útil para as moléculas antioxidantes. Estas substâncias podem também penetrar nas camadas mais profundas da pele e mostrar melhores efeitos. As nanopartículas têm a capacidade de dispersar os raios ultravioleta. Por conseguinte, actuam também como filtros físicos para os raios UV. Os nanofios proporcionam uma melhor hidratação da pele. Estas partículas formam uma fina camada protetora sobre a pele e evitam a perda de humidade. Esta tecnologia também evita a oleosidade da pele e melhora as propriedades sensoriais.

Outras vantagens da utilização da nanotecnologia nos cosméticos incluem

- Proteção do medicamento contra a degradação química ou enzimática;
- Controlar a libertação e a retenção de substâncias activas na pele;
- Melhorar a penetração dos medicamentos na pele.

Aplicação de nano na indústria têxtil

A nanotecnologia é muito utilizada na indústria têxtil e, ao adicionar características ao tecido, pode criar as propriedades desejadas, como a repelência à água, as propriedades de auto-extinção, etc., entre outras aplicações. Estas propriedades podem ser utilizadas tanto no tecido do vestuário como na cobertura de assentos em zonas de grande tráfego com possibilidade de combustão e poluição para aumentar a segurança, incluindo locais onde estes tecidos são amplamente utilizados. Podemos referir-nos a aviões, comboios, salas de reuniões, etc., como revestimentos de assentos.

Referências

Abdulazeem, L.; Hassan, F.G.; Abed, M.J.; Torki, W.S.; Naje, A.S. Nanopartículas em cosméticos, o que não sabemos sobre segurança e riscos ocultos. Uma pequena revisão. Glob. NEST J. 2022, 25, 1-5.

Agrahari, P.; Bhatia, A.K.; Sexna, A.; Pant, G.; Singh, R.P.; Mishra, R.R.; Mishra, V.K. Advance applications of nanotechnology in medicine. Int. J. Sci. Res. 2016, 7, 1284-1315.

Amaris ZN; Freitas DN; Mac K; Gerner KT; Nameth C; Wheeler KE, Nanoparticle synthesis, characterization, and ecotoxicity: Um conjunto de experiências laboratoriais baseadas na investigação para um curso de química geral. J. Chem. Edu 2017, 94 (12), 1939-1945.

Comité de Formação Profissional da Sociedade Americana de Química, ACS Guidelines and Evaluation Procedures for Bachelor's Degree Programs American Chemical Society; Washington, DC: 2015.

Anwar, S.H. Uma breve revisão sobre nanopartículas: Tipos de plataformas, síntese biológica e aplicações. Res. Rev. J. Mater. Sci. 2018, 6, 109-116.

Baalousha M; Yang Y; Vance ME; Colman BP; McNeal S; Xu J; Blaszczak J; Steele M; Bernhardt E; Hochella MF, Nanomateriais urbanos ao ar livre: o surgimento de um campo de estudo novo, integrado e crítico. Sci. Total Environ 2016, 557, 740-753.

Bayda, S.; Adeel, M.; Tuccinardi, T.; Cordani, M.; Rizzolio, F. The history of nanoscience and nanotechnology: Das aplicações físico-químicas à nanomedicina. Molecules 2020, 25, 112.

Bisht, N.; Phalswal, P.; Khanna, P.K. Selenium nanoparticles: A review on synthesis and biomedical applications. Mater. Adv. 2022, 3, 1415-1431.

Boisseau, P.; Loubaton, B. Nanomedicine, nanotechnology in medicine. Nanomédecine et nanotechnologies pour la médecine. Comptes Rendus Phys. 2011, 12, 620-636.

Bonet, F.; Delmas, V.; Grugeon, S.; Herrera Urbina, R.; Silvert, P.Y.; Tekaia-Elhsissen, K. Síntese de nanopartículas monodispersas de Au, Pt, Pd, Ru e Ir em etilenoglicol. Nanostruct. Mater. 1999, 11, 1277-1284.

Chandrakala, V.; Aruna, V.; Angajala, G. Revisão sobre nanopartículas metálicas como nanocarreadores: Desafios e perspectivas actuais nos sistemas de administração de medicamentos. Emergent Mater. 2022, 5, 1593-1615.

Chaturvedi, S.; Dave, P.N. Design process for nanomaterials. J. Mater. Sci. 2013, 48, 3605-3622.

Chaudhri, N.; Soni, G.C.; Prajapati, S.K. Nanotecnologia: Uma ferramenta avançada para a preparação de nano-cosméticos. Int. J. Pharma Res. Rev. 2015, 4, 28-40.

Chen, Y.; Liew, K.Y.; Li, J. Síntese de nanopartículas de Ru com controlo do tamanho por redução de etilenoglicol. Mater. Lett. 2008, 62, 1018-1021.

Chou, K.S.; Ren, C.Y. Síntese de partículas de prata nanométricas pelo método de redução química. Mater. Chem. Phys. 2000, 64, 241-246.

Cooke J; Hebert D; Kelly JA, Sweet nanochemistry: uma síntese alternativa rápida e fiável de nanopartículas de prata coloidal amarela utilizando reagentes benignos. J. Chem. Edu 2014, 92 (2), 345-349.

Corbierre, M.K.; Lennox, R.B. Preparação de nanopartículas de ouro revestidas com tiol por redução química de tiolatos de Au(I) solúveis. Chem. Mater. 2005, 17, 5691-5696.

Coronado, E.; Ribera, A.; García-Martínez, J.; Linares, N.; Liz-Marzán, L.M. Síntese, caraterização e magnetismo de nanopartículas de paládio monodispersas e solúveis em água. J. Mater. Chem. 2008, 18, 5682-5688.

Debnath, D.; Kim, S.H.; Geckeler, K.E. The first solid-phase route to fabricate and size-tune gold nanoparticles at room temperature. J. Mater. Chem. 2009, 19, 8810-8816.

Dhakad, G.S.; Aich, R.; Kushwah, M.S.; Yadav, J.S. Nanotecnologia: Trends and future prospective. Glob. J. Bio-Sci. Biotechnol. 2017, 6, 548-553.

Forster, S.P.; Olveira, S.; Seeger, S. Nanotecnologia no mercado: Promessas e realidades. Int. J. Nanotechnol. 2011, 8, 592-613.

Ganesan, M.; Freemantle, R.G.; Obare, S.O. Nanopartículas de paládio monodispersas estabilizadas com tioéter: Síntese, caraterização e reatividade. Chem. Mater. 2007, 19, 3464-3471.

Gericke, M.; Pinches, A. Síntese biológica de nanopartículas metálicas. Hydrometallurgy 2006, 83, 132-140.

Goia, D.V.; Matijević, E. Preparação de partículas metálicas monodispersas. New J. Chem. 1998, 22, 1203-1215.

Guzmán, M.G.; et al., Síntese de nanopartículas de prata pelo método de redução química e sua atividade antifúngica. Mater. Metall. Eng. 2008, 2, 91-98.

Hannah, W.; Thompson, P.B. Nanotechnology, risk and the environment: A review. J. Environ. Monit. 2008, 10, 291-300.

Hulla, J.E.; Sahu, S.C.; Hayes, A.W. Nanotechnology: History and future. Hum. Exp. Toxicol. 2015, 34, 1318-1321.

Huq, M.A.; Ashrafudoulla, M.; Rahman, M.M.; Balusamy, S.R.; Akter, S. Green synthesis and potential antibacterial applications of bioactive silver nanoparticles: Uma revisão. Polymers 2022, 14, 742-764.

Hussein, A.S.; Murugaraj, P.; Rix, C.; Mainwaring, D. Mecanismo de formação e estabilização de nanopartículas de platina em solventes aquosos. Smart Mater. II 2002, 4934, 70-77.

Iravani, S. Green synthesis of metal nanoparticles using plants. Green Chem. 2011, 13, 2638-2650.

Iravani, S. Métodos para a preparação de nanopartículas metálicas. Em Metal Nanoparticles: Síntese e Aplicações em Ciências Farmacêuticas; Thota, S., Crans, D.C., Eds.; Wiley-VCH: Weinheim, Alemanha, 2017; pp. 15-31.

Jana, N.R.; Gearheart, L.; Murphy, C.J. Evidence for seed-mediated nucleation in the chemical reduction of gold salts to gold nanoparticles. Chem. Mater. 2001, 13, 2313-2322.

Jenkins JA; Wax TJ; Zhao J, Seed-Mediated Synthesis of Gold Nanoparticles of Controlled Sizes to Demonstrate the Impact of Size on Optical Properties. J. Chem. Edu 2017, 94 (8), 1090-1093.

Joseph, T.M.; Mahapatra, D.K.; Esmaeili, A.; Piszczyk, Ł.; Hasanin, M.S.; Kattali, M.; Haponiuk, J.; Thomas, S. Nanopartículas: Assumindo uma posição única na medicina. Nanomateriais 2023, 13, 574-632.

Jung, S.C.; Park, Y.K.; Jung, H.Y.; Kim, S.C. Efeito de agentes estabilizadores na síntese de nanopartículas de paládio. J. Nanosci. Nanotechnol. 2017, 17, 2833-2836.

Kang, D.; Ojha, G.P.; Kim, H.Y. Preparação e caraterização de fibras de carbono decoradas com nanopartículas de níquel derivadas de membranas de casca de ovo de avestruz descartadas para aplicação em supercapacitores. Funct. Compos. Struct. 2019, 1, 045004.

Kargozar, S.; Mozafari, M. Nanotecnologia e nanomedicina: Começar pequeno, pensar grande. Mater. Today Proc. 2018, 5, 15492-15500.

Kaul, S.; Gulati, N.; Verma, D.; Mukherjee, S.; Nagaich, U. Role of nanotechnology in cosmeceuticals: A review of recent advances. J. Pharm. 2018, 2018, 3420204.

Khan, Z.; et al., Preparação e caraterização de nanopartículas de prata pelo método de redução química. Colloids Surf. B Biointerfaces 2011, 82, 513-517.

Khanna, P.K.; Kulkarni, D. Redução de PdCl2 por base esmeraldina; síntese de nanopartículas de paládio. Synth. React. Inorg. Met. Nano-Metal Chem. 2008, 38, 629-633.

Lagashetty, A.; Bhavikatti, A. Nanotecnologia - uma visão geral. Mater. Sci. Indian J. Rev. 2019, 5, 274-276.

Leiva, A.; et al., Nanopartículas de ouro-copolímero: Copolímero tribloco biodegradável de poli(ε-caprolactona)/poli(N-vinil-2-pirrolidona) como estabilizador e redutor. Eur. Polym. J. 2009, 45, 3035-3042.

Liguo, Y.; Yanhua, Z. Preparação de flocos de nano-prata pelo método de redução química. Rare Met. Mater. Eng. 2010, 39, 401-404.

Liu, J.; He, F.; Gunn, T.M.; Zhao, D.; Roberts, C.B. Crescimento preciso mediado por sementes e síntese controlada por tamanho de nanopartículas de paládio utilizando uma abordagem de química verde. Langmuir 2009, 25, 7116-7128.

Long, N.; Ohtaki, M.; Nogami, M. Controlo da morfologia das nanopartículas de Pt e das nanopartículas de Pt-Pd com núcleo de casca. J. Nov. Carbon Resour. Sci. 2011, 3, 40-44.

Luo, C.; Zhang, Y.; Wang, Y. Nanopartículas de paládio em poli(etilenoglicol): O catalisador eficiente e reciclável para a reação de Heck. J. Mol. Catal. A Chem. 2005, 229, 7-12.

Majumder, D.D.; Banerjee, R.; Ulrichs, C.; Mewis, I.; Goswami, A. Nano-materials: Ciência de baixo para cima e de cima para baixo. IETE Tech. Rev. 2007, 24, 9-25.

Mansoori, G.A.; Fauzi Soelaiman, T.A. Nanotechnology-An introduction for the Standards Community. J. ASTM Int. 2005, 2, JAI13110.

Menéndez-Manjón, A.; Moldenhauer, K.; Wagener, P.; Barcikowski, S. Nano-energy research trends: Análise bibliométrica da investigação em nanotecnologia no sector da energia. J. Nanopart. Res. 2011, 13, 3911-3922.

Metz KM; Sanders SE; Miller AK; French KR, Uptake and Impact of Silver Nanoparticles on Brassica rapa: Uma sequência de laboratório de nanociência ambiental para um curso de não-majors. J. Chem. Edu 2013, 91 (2), 264-268.

Mitra, D.; Adhikari, P.; Djebaili, R.; Thathola, P.; Joshi, K.; Pellegrini, M.; Adeyemi, N.O.; Khoshru, B.; Kaur, K.; Priyadarshini, A.; et al. Biossíntese e caraterização de nanopartículas, suas vantagens, vários aspectos e avaliação de riscos para manter a agricultura sustentável: Tecnologia emergente na ciência da era moderna. Plant Physiol. Biochem. 2023, 196, 103-120.

Mu, L.; Sprando, R.L. Aplicação da nanotecnologia na cosmética. Pharm. Res. 2010, 27, 1746-1749.

Narayan, N.; Meiyazhagan, A.; Vajtai, R. Nanopartículas metálicas como catalisadores verdes. Materiais 2019, 12, 3602.

Narayanan, R.; El-Sayed, M.A. Shape-dependent catalytic activity of platinum nanoparticles in colloidal solution. Nano Lett. 2004, 4, 1343-1348.

Nowack, B. O comportamento e os efeitos das nanopartículas no ambiente. Environ. Pollut. 2009, 157, 1063-1064.

Ojha, G.P.; Pant, B.; Muthurasu, A.; Chae, S.-H.; Park, S.-J.; Kim, T.; Kim, H.-Y. Nanofios ultrafinos de óxido de manganês montados tridimensionalmente: Material de eletrodo prospetivo para supercapacitores assimétricos. Energia 2019, 188, 116066.

Panigrahi, S.; Kundu, S.; Ghosh, S.K.; Nath, S.; Pal, T. Método geral de síntese de nanopartículas metálicas. J. Nanopart. Res. 2004, 6, 411-414.

Pastoriza-Santos, I.; Liz-Marzán, L.M. Formação de nanopartículas metálicas protegidas com PVP em DMF. Langmuir 2002, 18, 2888-2894.

Patharkar, R.G.; Nandanwar, S.U.; Chakraborty, M. Synthesis of colloidal ruthenium nanocatalyst by chemical reduction method. J. Chem. 2013, 1, 2-7.

Prasad, R.; Bhattacharyya, A.; Nguyen, Q.D. Nanotechnology in sustainable agriculture: Recent developments, challenges, and perspectives. Front. Microbiol. 2017, 8, 1014.

Pulit, J.; Banach, M.; Kowalski, Z. Chemical reduction as the main method for obtaining nanosilver. J. Comput. Theor. Nanosci. 2013, 10, 276-284.

Quintero-Quiroz, C.; Acevedo, N.; Zapata-Giraldo, J.; Botero, L.E.; Quintero, J.; Zárate-Triviño, D.; Saldarriaga, J.; Pérez, V.Z. Otimização da síntese de nanopartículas de prata por redução química e avaliação da sua atividade antimicrobiana e tóxica. Biomater. Res. 2019, 23, 27.

Ramsden, J.J. Nanotechnology for military applications. Nanotechnol. Percept. 2012, 8, 99-131.

Rao, J.P.; Geckeler, K.E. Nanopartículas de polímero: Técnicas de preparação e parâmetros de controlo do tamanho. Prog. Polym. Sci. 2011, 36, 887-913.

Ravisankar, P.; Swathi, V. Metallic nanoparticles-Versatile platforms for targeted drug. Int. J. Adv. Pharm. Sci. 2020, 4, 1590-1601.

Ren, J.; Tilley, R.D. Crescimento de nanopartículas de platina com controlo da forma. Small 2007, 3, 1508-1512.

Reverberi, A.P.; Kuznetsov, N.T.; Meshalkin, V.P.; Salerno, M.; Fabiano, B. Análise sistemática de métodos químicos na síntese de nanopartículas metálicas. Theor. Found. Chem. Eng. 2016, 50, 59-66.

Roco MC; Mirkin CA; Hersam MC, Nanotechnology research directions for societal needs in 2020: summary of international study Springer: 2011.

Saallah, S.; Lenggoro, I.W. Nanopartículas que transportam moléculas biológicas: Avanços recentes e aplicações. KONA Powder Part. J. 2018, 35, 89-111.

Sajid, M.; Płotka-Wasylka, J. Nanoparticles: Síntese, características e aplicações em ciências analíticas e outras. Microchem. J. 2020, 154, 104623.

Satyanarayana, T. Uma revisão dos métodos de síntese química e física de nanomateriais. Int. J. Res. Appl. Sci. Eng. Technol. 2018, 6, 2885-2889.

Selmani, A.; Kovačević, D.; Bohinc, K. Nanopartículas: Da síntese às aplicações e além. Adv. Colloid Interface Sci. 2022, 303, 102640-102652.

Shanmugam, V.; Meenatchisundaram, S.; Vartharaju, G. Nanotechnology-Review. J. Nehru Arts Sci. Coll. 2015, 1, 15-18.

Sharma, G.; Kumar, A.; Sharma, S.; Naushad, M.; Dwivedi, R.P.; Alothman, Z.A.; Mola, G.T. Novo desenvolvimento de nanopartículas para nanopartículas bimetálicas e seus compósitos: A review. J. King Saud Univ.-Sci. 2019, 31, 257-269.

Singh, A.; Dubey, S.; Dubey, H.K. Nanotecnologia: A engenharia do futuro. Int. J. Adv. Innov. Res. 2019, 6, 230-233.

Stanley, S. Biological nanoparticles and their influence on organisms (Nanopartículas biológicas e sua influência nos organismos). Curr. Opin. Biotechnol. 2014, 28, 69-74.

Suriati, G.; Mariatti, M.; Azizan, A. Síntese de nanopartículas de prata pelo método de redução química: Efeito do agente redutor e da concentração de surfactante. Int. J. Automot. Mech. Eng. 2014, 10, 1920-1927.

Teranishi, T.; Miyake, M. Controlo do tamanho das nanopartículas de paládio e das suas estruturas cristalinas. Chem. Mater. 1998, 10, 594-600.

Vance ME; Kuiken T; Vejerano EP; McGinnis SP; Hochella MF Jr; Rejeski D; Hull MS, Nanotecnologia no mundo real: Redeveloping the nanomaterial consumer products inventory. Beilstein J. Nanotechnol 2015, 6 (1), 1769-1780.

Vargas-Hernandez, C.; Mariscal, M.M.; Esparza, R.; Yacaman, M.J. Uma rota de síntese de nanopartículas de ouro sem usar um agente redutor. Appl. Phys. Lett. 2010, 96, 2012-2015.

Verma, S.; Gokhale, R.; Burhess, D.J. Um estudo comparativo das abordagens top-down e bottom-up para a preparação de micro/nanosuspensões. Int. J. Pharm. 2009, 380, 216-222.

Printed by Books on Demand GmbH, Norderstedt / Germany